万特特 著

你并非一无所有

你还有病和未拆的快递

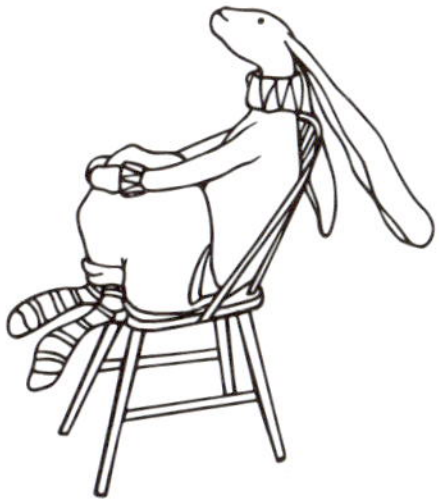

新世界出版社
NEW WORLD PRESS

在你诉苦“人间不值得”，
哀怨“我太难了”时，

不知你有没有想过，
这世界纵然有它的千般不是，
你又算是哪棵葱呢？

我们以为自己看到了这个世界，
以为懂自己，
其实我们只是看到自己想看到的。

如果生活不时常崩坏几次，
你会以为完美是人生的常态，

这种错觉，
才是最可怕的。

You don' t have nothing

人性的缺点无法根除，
最保险的做法，
不是不断地挑衅、测验，
而是尽量让自己远离它。

别高估自己的才能，
也别低估环境的影响。

你所谓的自持，
可能只是面临的诱惑还不够。
你也只有一辈子，
去活出丰盛的自己，
别总是跟人性的缺点较劲。

You don' t have nothing

发际线后移
不是你的错，

只是因为你

长期没有谈恋爱，

身体以为你已经出家了，
所以头发开始自觉脱落。

可以做朋友吗？
这是故事的开始。
还能做朋友吗？
这是故事的结尾。
不要仗着人家曾经喜欢你
就回头打扰。

毕竟吃回头草这事，
真是太没出息了。

You don' t have nothing

仓鼠鼓着腮帮子来到医院，
龙猫医生说：
“上火了吗？开点药吧。”
“不，不是的，
我来给你送点吃的。”

有时候就是这样，

**你对别人的爱，
在别人眼里
像是病。**

真正有自己内心秩序的人，
不会在表面上
和这个世界的是非纠缠。

你能学会
理解人性的复杂和命运叵测，
也有自己的原则、善良和温度，

包容那些
冰山之下潜藏的暗流
和他人不那么清白的过往，
就已经很不容易了。

You don’ t have nothing

潮流
永远属于年轻的穷人，

假精致
榨干的不仅仅是钱包，
还有内心。

而这虚荣心是魔鬼，
会把一个原本就不富裕的人，
折磨得更穷。

You don' t have nothing

想起你的时候，

心头的灯泡
闪烁了一下，

就只是闪烁了一下，
而我继续忙手头上的事，
再不会
为这闪烁自乱阵脚。

就像
饿了很多天的旅人
看见炊烟，

但知道那不是自家的。

前言

你对别人的痛苦有一种恶魔式的暗爽，对自己的过错有一种天使般的善良。你间歇性地认为自己“没比别人差多少”，又持续性地觉得自己“好像什么都不太行”。

你对自己没有的满是觊觎，对自己拥有的满是怀疑。你对已经得到的熟视无睹，对已经失去的心生悔意。

你经常将夜色熬成一锅粥，再配上“励志”“焦虑”“孤独”“迷茫”几碟小菜，吃得津津有味。将成长的烦恼煮成一碗面，再撒一些“上进心”“自尊心”“玻璃心”来调味，小心翼翼地细嚼慢咽。

你收藏了很多励志的文章却日复一日地丧着；你的衣柜都塞满了却还是觉得没有衣服穿。你外向孤独，时常拖延；你对职业倦怠，对手机充满依赖；你经常原谅别人，却很少原谅自己；你想要及时行乐，但无奈是懒癌晚期。又懒又丧又不听劝，说的就是你本人。

你并非一无所有，你还有病，还有未拆的快递和未竟的梦想，还有爱而不得的人和求而不得的事，以及一筐又一筐食之无味、弃之可惜的鸡肋。

费斯汀格法则指出：生活中的10%是由发生在你身上的事情组成，而另外的90%则是由你对所发生的事情如何“反应”所决定。

这些“反应”很多都是你对世界的误解。当你处在一个“螳螂捕蝉黄雀在后”的生物链中，欲望就会成为左右你的力量。当你的认知里有太多的曲解和误判时，你对世界的好感就会荡然无存。

这些“反应”很多都是你对人生的误读。欲望和你满足欲望的能力就是最大的矛盾，为了共存而相互妥协，别让自己的人生被过度的欲望透支，这是最好的生活哲学。“完美”是一场成本很高代价很大的角逐，请相信一定有人能做到，但那个人未必是你。

这些“反应”很多都是你对自己的误信。你自以为了解自己，高估了自己对“将就”的人生的忍耐力，又低估了对想要的人生的向往。很多时候，你以为的真的只是你以为的，永远不要低估自己的无知，哪怕是满心善意、一脸无辜。

没有人能仅凭借想象就得到自己想要的生活，更不要以“己见”来揣度世界、蒙蔽自己。

我不会给你“你很好，只是这世界很糟糕”这样于事无补的安慰，请你别对命运有太多不切实际的期待。这世界上不只你一个人有低谷期，每个人都有自身的局限，在漫长的人生长河里，老天不会独独放过谁，每个人都要经受挫折和伤痛。不信你去知乎里或者情感博主的评论里看看，每一条苦都够我们怀疑人生的。

不必为现状忧心忡忡，那些“病”就像是一次流感，又有谁能说自己不曾有过呢？

人生而破碎，要用一生来修补。如果生活不时常崩坏几次，你会误以为完美是人生的常态，这种错觉，才是最可怕的。

这是给自己压惊、找回生活节奏、修补生活漏洞的轻松哲学。无论你是吃饱了撑的，还是没吃饱饿的，假如你果真弄懂了，说不定你就知道自己是怎么一回事了。

所谓的“病”，不过是我们长长一生中短暂的暗淡时刻。请不要放弃治疗，向着更暖更明亮的地方走去，好好学习，一切终将被治愈。

TURCJA

目录

“

不反对

你和他人倾诉，

而是要适度。

树洞也会疲倦，

也想听点

好消息和笑话

解解闷。

”

无奈式宽容

不肯放过是病，
太容易原谅
也是一种病

马东说：“随着时间的流逝，
我们终究会原谅那些伤害过我们的人。”
蔡康永回道：“那不是原谅，那是算了。”

如今道歉似乎成了“护身符”和“灭火器”，
但做错了事并不是认错并道歉就可以结束了，
你要在道歉之后，接受对方负面情绪的反扑，
哪怕结果是不原谅或从此无关，你都要接受这个结局。

有的人说“对不起，我错了”，
只是想让对方赶紧闭嘴，让错误好似从未发生，
那只是逃避责任，不敢承担惩罚。
你还要知道的是，
不肯放过是一种病，太容易原谅也是一种病。

我读书的时候，数学很差。

课有听，题有做，可每每月考，成绩只在及格线上下晃。说句实话，我对数学是没有兴趣的。那时候我爱看散文和小说，同学们大多在看漫画书和言情小说，父亲给我按年份订阅《读者》《青年文摘》《中学生博览》，以至于没有同学愿意跟我互换课外书，他们嫌我看的书无趣。郭敬明和张爱玲的小说，我都是从那时开始看连载的。

那时候我们班学霸很多。一个从外地转学来的男孩，长得很好看，皮肤很白，有种乖乖的英俊感。爱打篮球，每次上体育课，他都是第一个冲出教室的。

这么听着，他很像学习不好的学渣。其实并不是！他特别聪明。数学每次拿高分就不说了，就连压轴题都是基本上靠心算，不怎么动笔，只到最后关键的几步才稍微拿草稿纸写一写。我想，老师应该都很喜欢看到这种草稿纸，写得整整齐齐、思路清晰。这样的学霸，把数学不好的我衬托得更加明显。

巧的是，数学老师特喜欢叫我这样的学渣回答问题。不巧的是，我极少有答对的题。有许多次，老师当着全班同学的面对我说："你是不是猪脑子，我看你就算重读十年，还是不会做这道题！""这样的成绩，以后出来只能是个出苦力打工的。""你来念书真是浪费学费。”还有 N 多比这难听十倍的话，我经常听到。

在课堂上站起来答不出问题，还要被老师数落，同学都看着你的那种尴尬、难堪，想必每个念过书的人都能懂吧。但我当时觉得，老师那天可能是心情不好，说重了话。可后来，没有过分，只有更过分。

考试成绩一出来，她就大声念出我的分数，并在全班同学面前说：“这样的成绩，能不能上高中都不一定！”

还有一次，午休刚结束，我正在整理书桌，数学老师把我的作业本“啪”的一下拍到我的脑袋上，我起来后眼前一阵黑，头也一阵晕。她狠狠瞪了我一眼，转身走了。后来，上课一答错题，老师就让我去教室的最后排罚站，让我站着改错题，改不对不能吃午饭。再后来，她不再教我班数学了。

这件事情虽然过去了很长时间，但那位数学老师的模样，我却记得清清楚楚。没有人可以是一个无底的罐子，收纳难以计数的恶语中伤，以及或有意或无意的误会曲解。

对于那时 15 岁的我来说，世界很小，在意的事很少，学习成绩不好，简直堪比世界末日。连社会的门都还没摸到，就会在心里想“如果学习不好，以后会不会成为乞丐啊”。

如今想想，学习只是我们人生中的一部分，而某一科成绩的不理想，更只是这一部分里的一小部分。真的至于因为一科成绩而受虐终生吗？

那年春节，是毕业后第一次聚会，那位数学老师也来了。

席间，每位同学站起来发言，大多是感谢恩师当年培养教育的客套话。到我的时候，我还没开口，数学老师先说："听说我们班出了位作家，真是了不起，老师从前对你太严厉了。"

严厉这个词，用在老师的身上，总像是一种美德。可惜，我不想要。"没什么太多想说的，只是多年后再见到同学很开心。"然后我便坐下来。同学和老师们面面相觑，大概是觉得"感恩"的话到我这断了片，破坏了气氛吧。

聚会结束，大家一一跟老师们告别，除了我。我不认为自己是个记仇的人，但如今偶尔想起，我都会责怪自己当时为什么要忍着？为什么不能在她用作业本打我的时候，站起来表达自己的愤怒？为什么要那么听话，因为一道错题饿着肚子？

如果能够回到从前，我一定告诉当时的自己："不会解方程，不会算奥数，天不会塌，更不会要了你的命。管它几何是圆是方，你喜欢什么就去学什么，不要胆怯，不要委屈。"

虽然，我也很想写，这么多年过后，我的数学变好了，或者我对数学比以前更有把握了，但是没法写，我数学还是差，而且对数字极其不敏感。到了今天，我依然是那个数学不好的女孩儿，可是没关系了。

那些难以挨过的黑暗与难过，那些无法排遣的绝望与无力，都真切地造成过伤害。无论我最后怎样摆脱了那些，变得坚强变得独立，那都不是应该夸耀苦难的理由。

有些人无法释怀，那就不释怀。有些伤害，即便时隔多年，仍做不到心无芥蒂、若无其事地亲近。

去年，朋友 Ella 和老公一起开了一家教育辅导学校。因为刚刚创业，师资不够，她几次找到我，问我能不能帮她代语文阅读辅导课。这个忙当然要帮，于是每个周末我都会挤出时间去上课。

每次遇到有学生表现出对语文的不感兴趣，或者教了几遍还是无法答对的时候，我都会说："没关系，每个人都很棒，我们再来讲一遍。"

多少伤口看似完整平静，可每当风吹过，还会泛起细细裂痕，暗暗疼痛。不必感激伤害你的人，他们只是提醒了你，不要成为那样的人。

一

因为工作原因，我认识了一位同事，是位男孩子，黑黑瘦瘦的，话不多，戴着一副银色边框眼镜。

听其他同事说，他家在山西的一座小村，靠着优异的成绩拿到了助学金，到北京读985大学，之后顺利找到专业对口的工作，拿着可观的薪水。

和这个男生接触不多，但很快我却发现他有个很奇怪的特点，就是说话的时候，总是带着奇怪的腔调，这腔调说的并不是地方口音，而是那种让人听了很不舒服的话。

比如，写字楼楼下有KFC、星巴克、必胜客这些并不稀奇，早餐大多也就在此选择。有天早上我买了一杯冷萃，刚进办公室，他说："中杯也要将近40块呢吧，太奢侈了。"我咧嘴挤出一点笑。再比如同事从大连老家回来，带了海鲜小零食分给我们，他说："我20岁之前，都没吃过海鲜。"团建去吃自助日料，他再次酸溜溜地说："幸好不用AA，不然我可付不起。"

一个男生，话里话外总是这么叽叽歪歪，时间一长，大家有活动自然不会找他一起。但还有一个叫森的男生，大家都愿意和他做朋友。森来公司的时间也不长，但性格开朗，各个部门的哥哥姐姐们都很喜欢他。

午饭的时候，森总是叫这个男生一起，“走吧，两个人比较好点餐，不然我一个人不知道吃什么。”下班总是让这个男生搭自己的车，即便不是完全顺路，要多拐两个路口。男生租房到期，还在森的家里短暂寄宿过一段时间。

按理说，男生和男生之间的友谊，应该更牢靠一些。

有次，森刚把材料打印出来，保安就上来说森的父母来看他，让他下楼去接。父母从外地来看自己的喜悦，每个在异乡的人都明白。森把材料给这个男生，说：“帮我交给组长，我先出去下。”大家说让他把父母带上来坐着歇会儿，毕竟 7 月的北京如蒸笼一般。

我去茶水间的时候，路过打印室。巧的是，我眼睁睁看见那个男生一边看材料，一边一张张塞进碎纸机。我愣了，随后上去阻止，“森说这个是要给组长的。”男生看我突然出现，也很慌张，“太热了，脑子都不转了，我以为是要废掉的。”

回到工位上，我越想越觉得哪里不对劲。我问邻座同事：“刚刚森的材料是什么？”

“是一个关乎到上半年考核评估的策划吧。”

“哦。”

“是不是那个男生把材料怎么了？”

“你怎么知道？”我瞪大了眼睛。

“同事之间，很难有真友谊的。小姑娘，别太惊讶。”

听说后来森知道了这件事，是谁告诉他的，不得而知。只知道，后来两人关系生疏到在电梯里碰面也只是假笑，维持表面的和平共事。

我离开那家公司后，有次约老同事出来喝下午茶。他们说，那个男生后来在公司给森使了不少绊子，最后导致森在一次次表现不佳的情况下，被劝退离职。

不过故事还没有结束。一年后，那个男生因为在项目中拿回扣而被公司开除，再次面试其他公司时，戏剧性的一幕出现了，面试官中有一位就是森。

据说，面试结束后男生拦下森，想解释当年的种种“误会”，并为森被劝退的事道歉。

森冷冷地回：“道歉是你的事，可我不原谅你。公司用人制度公平，我无法决定你是否面试成功。就这样吧。”最后，那个男生放弃了这家公司的入职机会。

之前一起工作的人，每每聊起这件事，都表示大快人心。这不是一件人命关天的大事，顶多是一个低端办公室内斗故事，却让我记了许多年。

我是赞成森的做法的。

不喜欢听男人就要胸怀宽广这种话，更厌烦“别人都道歉了，还想怎么样”这种说辞，我们都是人，是普通人。说吃亏是福的人，想必没吃过什么亏吧。如果始作俑者的道歉，不过是为了求得他自己的心安。你原谅了他，谁来体谅你呢？没要他赔偿精神损失费就很好了，原谅，凭什么？

那个道歉的人，他是真的后悔还是故作姿态，都是他的事，与我们无关。他后悔不代表别人的伤痛就会好，他道歉不代表曾经的伤害就没发生，他痛改前非也不代表时光就会倒流。

真的不用自欺欺人，以宽容乃至感谢的名义美化别人对自己的伤害，丑陋的伤疤，无论如何也不会开成一朵好看的花。

生活中很多人过得不好，不是不懂得原谅，反而是太容易原谅别人。不肯放过是病，太容易原谅也是一种病。不轻易原谅一个人，不轻易释怀一件事，是对自己的一种警醒，一种保护。

二

时过境迁，当我们再想起过去的纠缠、痛苦、悲伤或是愤怒都仿佛已被弱化，我们懒得再去撕、去吵、去歇斯底里地争对错。

我们误以为那就是原谅，其实不过就是算了。在人间谋生，要学会让自己的情绪收支平衡。终究得学会往前看，但也没必要假装圣贤，委屈自己去接纳曾经所有的伤害。不报复纠缠，也不逼着自己去原谅，不用别人的错误来惩罚自己。前路还长，不在意，就是一种最好的放下。

算了的意思大概就是：我没有原谅你，我只是放过了自己。

有的人在你的心上捅了一刀，拔出来的时候还顺带拐了几个弯儿，疼得你眼泪止不住地流，疼得你差点就跪下了。这种痛苦你要是能忘记，你心还真大。别听别人说什么痛苦和伤害是财富的鬼话，痛苦就是痛苦。原谅跟大不大度没关系，每件事的伤害指数不同，每个人的底线也不同。

我们本来可以自由生长，我们应该属于花园，每朵花都应该开在它想开的时候，如果不得已，让我们在一个角落委屈地绽放，那也不要去感激将我们移植出沃土的那些人。

算了不是宽恕别人，而是对自己的温柔。

对于伤害，可以选择淡忘，可以不再和他们计较，但恶意就是恶意，披上再多美丽的外衣，还是恶意。

运气不佳，遇人不淑，没什么值得感激的。如果真的要感谢，我们就去感谢那些曾经在我们受伤时，给予我们温暖和陪伴的人，还有忍痛走出来的自己吧。

伤害本身并没有什么意义，让它变得有意义的是我们的坚强；伤害我们的人也从来没想过让我们成长，真正让我们成长的是自己的反思和选择。

该分手分手，该扔掉扔掉，该拒绝拒绝，该绝交绝交，磨磨唧唧、不清不楚的都是因为自己还下不了狠心。别动不动就想着要去原谅，有时候是自己没资格，有时候是别人不值得。

至于那些伤害过我们的人，不必落井下石，不必耿耿于怀，因为你的爱与恨都很珍贵，不要给不值得的人。也不要委屈自己去原谅和宽恕，那是上帝的事儿，不是你的。

当有一天，你得知他们过得并不好时，你可以说一句“无所谓了”，也可以不动声色，轻描淡写地说一声“活该”，然后早日开启爱谁谁的快意人生。

“

什么叫

‘万死不辞’，

就是每天

被气死一万次，

仍然不辞职。

”

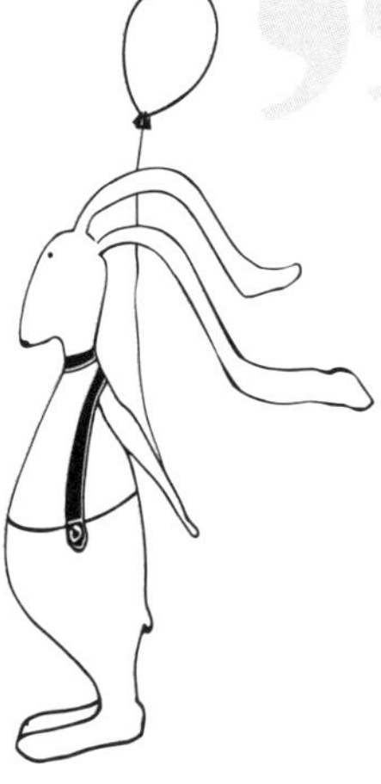

职场倦怠期

让你疲惫的不是工作，

而是工作中

遇到的人

什么叫“万死不辞”，

就是每天被气死一万次，仍然不辞职。

有时累的不是工作，累的是平衡情绪。

大多数的人，在二十几岁就已经“死了”，

以后的生命不过是用来模仿自己，一天天地重复，

而且重复的方式越来越机械，越来越荒腔走板。

到了一定年纪，你做得好是理所当然，

做得不好叫岂有此理。

生活中有一类人被称作“牧马人”，用来形容那些很容易就放自己一马的人。工作压力大，便给自己食欲上大赦；身体见好，就中断了健身计划；稍有困意，就丢下了手里的工作。这一类人，还兼职“职场丧尸”，对职场从来没有热爱，工作仅仅为了生存而已。没有喜欢某一行，也不属于任何一行，三百六十行，行行待不下去。

他们的心里原本也有一个远方，但随着一句句“算啦算啦”，随着一次次纵容自己得过且过，那远方真的越来越远了。

何况，生活不是故意要伤害谁的，但它毕竟要向前。有时伤害之所以发生，只是因为那个人碍了它的路罢了。失败就是失败，它不是成功的妈。

公司里一个老员工犯了个错误，将图书内文版心尺寸调错，导致印刷环节只能延后。不能按合同上的日期提供图书给电商和书店，公司需要赔款。领导大发雷霆，气得在办公室里拍桌子，扣了她半年奖金。

她在公司做了14年美编，自知这次是自己理亏，可心里还是不服气。下班在电梯里，她和其他同事嘟囔了几句：“谁不会犯错，我也不是有心的，再说也没人告诉我版心尺寸变了。”大家面露尴尬，到了一楼都匆匆走出电梯。

第二天，我和负责指导我的组长聊起这件事，组长说领导顾及那位同事是老员工才没有辞退她，换作别人可能不会只是扣奖金这么简单就过去了。

组长还说了一段至今影响着我职业生涯的话，她说："如果这个错是你犯的，大家可能会说你年轻没经验，可同样的错误在年纪大一点的人身上，就是低级错误。年龄长了，脑子和见识却没跟着周全，是件挺可怕的事儿。你要记得别轻易说你不行你不懂，而是说我马上去做，然后偷偷恶补学习。"

我使劲点头，默默记住组长说的每一个字。

后来，在一起共事的一年多时间里，我发现这位老员工经常在设计封面的时候还去逛淘宝，开会的时候偷偷拿手机看小说，工作进度到她那里一定卡壳，不是说"我不会啊""谁来帮我弄一下"就是"没人告诉我这个需要改啊"。到时间打卡下班，哪里出了差错第一时间甩锅给别的同事，和她一起合作过的同事个个表示无奈。

一次我提出封面文字想要再修改一下的想法，她马上劝我说："领导没说改就不用动了，万一改不好我们还有责任。别多给自己找麻烦，挺好的。"

我离开那家公司后便跟那位老员工失去了联络。

有天晚上，我下班回家，在单元门口碰见那位前同事。她穿着保洁阿姨的衣服，在擦拭门上的玻璃。邀请她进屋坐坐，起初她拒绝“不了不了”，因为拗不过我，进屋坐了一会儿。初秋的天气凉了，给她倒了一杯热茶。

“你自己买的房子？”

“嗯，首付的，每月还贷呢。”

“挺好挺好，你刚来公司的时候，刚大学毕业，跟个小青豆子似的。”

“姐，你怎么……”

“你也应该知道，现在纸媒不景气，公司裁员，我们这些老家伙走了不少。”

“怎么没换家公司继续做设计呢？”

“也想过，但之前在公司待得太轻松了，没学到什么，新版制图软件也不太会用。招聘市场都是你这样的年轻人，我这个年纪，只有这个岗位愿意要我。”她低下头拽了拽自己的工作服。接着说了一句：“这社会啊，哎！”

我知道那么多句鼓舞人心的励志段子，写过那么多句安抚人心的鸡汤软文，但那一刻我找不出任何一句，可以填补她这个年纪里可怕的空洞和苍白，那空洞来自她二十几岁时的安逸。她曾经以为，这安逸轻松的日子能一直延续不被打断，却忘了比你年轻、比你有活力，比你点子多的年轻人在每一年毕业季都会大批涌出校门。他们没有房贷的压力，父母也还不需要他们赡养，加班熬夜一杯咖啡就能顶住，第二天依然神采奕奕来上班，他们好像有用不完的劲儿，耗不没的热情，逼得你步步后退。

后来，每天我都会错开她早晨打扫的时间出门，我不知道该用什么样的表情面对这位以前的同事才合适。

我毕业那年，是公司里年纪最小的。一晃四五年的时间，我已经变成了“00后”眼里的老阿姨。时间多狡猾，它让我们误以为未来那么远，要活在当下，及时行乐才对。可混着混着，直到有一天，一低头发现，日子突然混不下去了。

到了一定年纪，你做得好是理所当然，做得不好叫岂有此理。没有什么比人到中年却被抛弃的感觉更凄楚，这时候如果你没有足够的实力，连自己都是不可靠的。

总有人吵着说职场无情、社会残酷，其实它只是在改变、在进步，而你跟不上它的脚步时，就自然被淘汰。人到中年，能庇护你的只能是你自己的实力，和你对自己够不够狠，对外界的变化够不够警觉。

人生就是一场场物竞天择的大逃杀，它无关你所在的城市和你如今所处的位置，别人都进化了，你即使什么都没做，还是分分钟在落后。

太多心灵鸡汤告诉我们“你想要的岁月都会给你”，可它没告诉你“你想要的，岁月凭什么给你”。成功学一遍遍讲着福布斯排行榜那些人的丰功伟绩，告诉你“成功的人那么多，你也可以是其中一个”。可没告诉你，现实里失败的人更多，多到数都数不过来，多到能引发密集恐惧症，多到像菜市场的烂菜叶。所以你怎么肯定，那个在温水里无所事事的自己，不是那个失败的炮灰？

哪里有那么多的中年危机，大多是又懒又丧又爱装傻。

从前我们总觉得是这个世界欠修理，后来才发现，其实欠修理的是我们自己。

我们对年龄的恐惧，其实并不在于年龄增长所带来的苍老，而是恐惧随着年龄的增长，我们仍然一无所获。

时间不仅仅卷走了你脸上的胶原蛋白，还顺便给你的腰间贴了几圈肥肉，世界对你越来越小气，规则对你越来越严苛。想到 30 岁后还得去招聘会跟年轻人抢饭碗，我就不相信你心里不会恐慌。

二

前几天在微信群里，看到有人抱怨老板对他不好。怎么个不好呢？原来是他毕业后一直在这家公司工作，可眼看着这两年年纪更小的学弟学妹们进入职场，可老板还是没有想提拔他做项目负责人的意思。每天还要和“90后”一起上下班打卡，出差只能报销二等座高铁。

他说自己也算兢兢业业工作了5年，没有功劳也有苦劳吧。他发了大段大段的文字，却没有一句在说自己这些年做出过哪些成绩。群里久久没有人接话，我默默删除了群聊天对话框。

在这个商业社会里，只有功劳才会产生价值。苦劳如果没能转化为功劳，那它就白白浪费了时间，不是吗？

以前的微信签名是“莫欺少年穷”，经过了多年努力奋斗，现在可以改成“莫欺中年穷”了。

上学时，我们对优秀学生的评价标准是什么，至少要有一项成绩是名列前茅的吧。你说你刻苦，你说你尊师重道，最后成绩平平，奖学金还是不会给你啊。上班后，你每天七点半就到公司打卡，吭哧吭哧看似工作了一整天，晚上下班后吃个饭还在家里继续加班。你是很辛苦，月底的时候，你没有业绩，也没有维护住客户，这苦劳的价值又在哪里呢？

这是一个以成果论英雄的时代，更是以成果来检验一切的时代。

职场不是存钱罐，20岁拼命往里塞，30岁开始躺着花。20岁有 20 岁的努力，30 岁有 30 岁的勤奋，你不能 30 岁的时候邀 20 岁的功，因为在职场，没有人会为你的资历买单。

所有的理解都是基于一个前提：用努力争取更多宽容，用能力说话，这就是职场的规则。

如果你过去 29 年没有努力，那 30 岁的时候也不会有奇迹。

职场里，没有应该升职的年纪，只有配不配升职的人。你没有功劳，谈苦劳是没有任何意义的。

如今，职场里流行“勤奋病”。

他们喜欢用勤奋来标榜自己在工作上的付出。比如，大家都是按时上下班，按时完成当天任务量，而“勤奋病人”却把工作时间拉得很长，上班比别人早，下班比别人晚，熬夜加班也是常事，周末当然也要“忙一忙”工作。这种病的病根在于，他们沉迷于自己长时间无效的勤奋，却不注重勤奋本身所带来的价值。

能说出“我已经很努力”“我也很不容易”这种话的人，无非是心里明镜似的知道看得见的成果拿不出来，只好拿隐形的苦劳来充数，演一出“此地无银三百两”的把戏。

勤奋、努力这些带着厚重感的褒义词，最好还是留给你身边的人用来评价吧，把它们当成标签、奖章自己贴在自己身上没用。就像别人夸你美，那才是真的美，你没事就说自己是仙女，你脑子坏掉了吗？

那些真正用心做事的人，往往在别人高喊口号给自己壮胆的时候，默默地将子弹上膛。等到时间一到，“砰”的一声，响亮有力，一击即中，让整个喧闹的世界安静下来。

一

Liz 是花哥的直属上司。

花哥应聘那天，对面的招聘人员在看过她的简历后，问了一个问题：“你觉得自己在哪方面比别人优秀？”花哥本以为会问“你的职业规划是什么”“为什么要来我们公司”或者“你预期的薪酬待遇是多少”等问题，这不按套路出牌的提问让她当场愣住了。从会议室出来后，她甚至忘记了自己是怎么回答的，只记得面试官说了一句“好的，你挺棒了，等我们通知吧”。在休息室等待的大多是来应聘的，一问才知道，这个问题几乎每个人都被问到了。

我们都知道，一般来说“你已经很棒了”的意思是“你还不够好”。惊喜的是，一周后花哥收到了入职通知，正式进入公司实习，也是上班那天花哥才知道，那个问她问题的人是自己所在部门的老大，Liz。

用花哥的话形容，Liz 是个很酷的女人，她脸上的神采和自身所带的气场并不会让别人觉得讨厌，反而是心生敬畏。部门实习人员第一次开会，是 Liz 亲自主持的。

Liz 说:“有同事说我把这次招聘的标准定得过高，毕竟你们大多是刚刚离开校园的小透明，或者只有短短两三年工作经验的行业新人。但如果你们觉得我问的问题有点难，那只能说明你们具备的太少了。”

这话重重地敲在了花哥的心上，她虽然进入了实习期，可总觉得有点心虚呢。

“你们还这么年轻，要多学点东西，会的东西太少是走不远的。”

Liz 话音落后，整个办公室变得异常安静。

后来，与同在广告部门的同事聊天的时候花哥才得知，Liz 可说是电影《穿普拉达的女魔头》中米兰达的现实版。对下属严苛是没错，但对自己下手也不轻。

Liz 28 岁那年留学归国，随后便进了这家公司。为了配合团队的需要，每天没日没夜地研究产品特点，了解市场动向，分析同类产品的优劣。周末生活更是安排得满满当当，学习小提琴、健身、做义工。公司近十年获得广告类大奖的作品，几乎都是 Liz 负责的。

前些年公司由于结构重组，进行了大量裁员，裁员理由很多，比如年纪大、比如业绩差、比如未生育，而这些通通被她免疫。

几年的加班生涯，她生生将自己打造成了公司不可或缺的骨干，她付出的分分毫毫的努力都在自动叠加，为她积蓄着能量。她自身不可替代的能力，扶着她轻松走过那次失业危机。

我虽然没有见过这个女人，但是从花哥的形容里，我相信 Liz 不会有困扰着大多数人的“青年危机”，以后也不会有难缠的“中年危机”。因为她已经拥有了除了毕业证以外更多的东西，她在人生最好的时光里拼命为自己升值，而大部分人的价值就只停留在学校毕业的那一刻。

走出学校，一眨眼到了 30 岁，仅仅凭一张中规中矩的简历和几张鸡肋一样的证书，你凭什么觉得更好的职位会等待着你？

20 岁出头的你现在在干什么？随便糊弄完老板交代的工作便开始追剧打游戏？因为一份不稳定的感情关系每天矫情哀怨？还是平平常常当一个及格的学生？

太多的人抱怨“挣的没有花的多”，也有太多的人不满“社会对年轻人的过于苛刻”，可是却少有人愿意静下心来踏踏实实为自己一点点储备能量。

游戏里的英雄都有一技大招，那你在职场里的大招是什么？我想那应

该不是善良、坚强、勇敢这种人性品质。它应该是一种只属于你的无价的内在能力，是你的核心价值，是你在成长的每一天里，不断为自己修炼出的特长，它让你和别人不一样，它会帮你渡过危难的关口，杀敌制胜。

二

工作这几年，和朋友聊得最多的就是薪水，到了年底也要凑在一起聊一聊年终奖。

大学刚毕业的时候，每个人都有一股冲劲儿，再苦再累也不怕，身体扛得住，精神特强大。

随着在职场摸爬滚打个几年，想升职拿高薪，总觉得底气不足。安于现状吧，心里又憋屈。

年纪小一点的时候，我们总觉得这个世界不够好，配不上自己。自己有无限活力，无坚不摧，可以去试错，可以去创造。可是慢慢地才发现，是我们弄错了。这世界有太多你不知道和做不到的，以我们努力的程度，远远配不上自己想要的世界。

再说明白一点，你人生 80% 的决定性时刻都发生在你 20 多岁的时光里。正值这个年纪的你，如果觉得还有大把时间可以挥霍，机会很多，未来光明，该完成的工作推到明天，该学习的技能推到下个月，眼下只顾及时行乐，刷刷抖音、微博，给这个点赞，给那个评论，买买买浪浪浪。那么，等到岁月把你推到30岁这个尴尬的年纪时，你每天睁开眼大概就是房贷、车贷、信用卡还款日和这个月还没完成的业绩。

没有无缘无故的高工资，它的背后必然是你更多的付出，是你在职场里每时每刻为自己争取的重要位置。工作是安身立命之本，也是自我价值的体现，认真一点别敷衍，因为到头来敷衍的还是你自己。

你的本领，对应着你的工资和年终奖。只有那些专业又格外勤奋的人，才能拿到体面的收入，才能拥有更好的面包。

希望你挣钱的速度快过孩子长大的速度，赛过父母老去的速度，才不会等到了中年再感受到上下夹击的痛苦。

你必须在中年来临之前，用钱铺上一层厚厚的缓冲气囊，因为说不定哪天你就会从高空落下。你必须在中年到来前，让卡里那串数字够长，否则，时间一到，你必将在自责与恐慌中挣扎。

能促使一个人改变的第一驱动力，不是野心，而是恐惧。

别贪图当下一时一刻的得过且过，舒服度日，你在当下偷的每一个懒，都是在给未来的自己挖坑。也别沉迷于侥幸和得过且过，那无法支撑你度过漫长且艰难的一生。

“

明明打起精神

3分钟

就能做完的事，

光是

‘打起精神’

就要

花上3个小时。

”

自杀式单身

比起寂寞，

成年人更怕麻烦

三天两头说一个人太孤独，

想要天赐“小狼狗”“小奶狗”，

可当真有谁向你靠近，就像是被踩了尾巴似的，

忙不迭地跳开，摇着头说“算了算了”。

一朝被蛇咬十年怕井绳，小心翼翼将自己藏进坚硬的壳里，

偶尔探出头来东张西望，匆匆一瞥后又缩回原地。

已经不会轻易付出真心了，不是因为不喜欢了，

而是相对于喜欢来说，更想好好地保护自己。

在经历一段又一段恋爱后，

对爱情的渴望并没有以前那么强烈。

极致的心动是限量的，

你或许已经用掉这次机会了，或许这辈子也用不掉。

现代人对待爱情这件事，其实挺犯懒的。

身边人来人往，真正走进内心的可以说是零。被人暖一下，能热两秒，被人冷一下，就彻底结冰，都在感情和理性、付出和所得之间找平衡。互相寻找，彼此逃避，像是一场交织着激情承诺和迅速脱身的芭蕾。

常见的是把感情放在天平上小心计量，你给我几分，我还你多少，我们可以付出的东西是那么有限，再也经不起虚掷和挥霍。

到了一定的年纪，我们就得逼着自己变成那个屋檐，再也不能找别的地方躲雨。

早上收到朋友的微信，他说昨晚和一起加班的同事去吃宵夜。因为喝了点酒的缘故，到凌晨还没有入睡。刷着朋友圈才想起，当天是情人节，看着朋友圈各种情话段子和秀恩爱的照片，他一个一米八二的钢铁直男，忽然“呜呜”哭了起来。

我的这位朋友没有失恋，没有谈恋爱，甚至目前连个喜欢的人都没有。就是这样一个标准“单身狗”，竟然因为围观了别人的爱情而伤感了起来。

你们以为单身的人就没有恋爱困扰了吗？

不是的，单身的人没有爱情之中的困扰，却有爱情之外的困扰。

比如，有时候会忽然觉得自己好像没有那种很喜欢一个人的勇气了，不知道是不是在很早之前就把勇气用光了。比如，有的人害怕心会碎，有的人害怕心会痛，有的人害怕自己不会再为一个人怦然心动。再比如，别人越是对自己有新鲜感，就越是害怕。害怕的当然不是新鲜感本身，而是害怕无可避免的厌倦，害怕的是新鲜与厌倦的落差。

“非常非常非常喜欢一个人，喜欢到不和对方在一起生活好像都没有意义”的状态，这样的概率，或许一生只会出现一次。这是一种情绪体验的巅峰时刻，一旦过了，急转直下，人会陷入一种平和的失落。

极致的心动是限量的，你或许已经用掉这次机会了，或许这辈子也用不掉。敲不开心里那道隐形的门，于是更加想躲了。

现代人，已经不会轻易付出真心了，不是因为不喜欢了，而是相对于喜欢来说，更想好好地保护自己。在经历一段又一段恋爱后，对爱情的渴望并没有以前那么强烈。

来了就来了，不来也罢。已经过了那种收到一个晚安就甜蜜激动半天的时候了，也开始学会考虑以后，权衡利弊了。

一

一个 1993 年出生的姑娘给我发私信。

她说，从去年开始，家里话里话外催她结婚，但她心里挺矛盾的。一方面心里知道自己应该把找男朋友、谈婚论嫁这些事提上日程，可另一方面她又有心结，总觉得自己不会谈恋爱，上学的时候并没有这门学科可以修。

她说，前些日子认识了一个男生，各方面条件都挺好的，对他也有一点心动，可不知道为什么，在相处了一段时间之后，她突然就产生了一丝想要逃避的念头，变得沉默、话少，甚至都不想搭理对方。

她说："其实我挺怕的，挺怕把这段关系搞砸，挺怕未来会发生一些未知的事情，怕自己处理不好两个人的生活。我胆子小，我觉得很乱，最直接的解决办法就是不开始这段感情。"

朋友圈里这样的人不少，三天两头说一个人太孤独，想要天赐"小狼狗""小奶狗"什么的。可当真有谁向你靠近，就像是被踩了尾巴似的，忙不迭地跳开，摇着头说"算了算了"。

说一千道一万，不是不想，是害怕。在这个速食恋爱的时代，好像没有谁真的有耐心去了解、接受和爱一个人很久。害怕经历那种从陌生到熟悉，再从熟悉到陌生的感觉，真的太疼了。

有人一朝被蛇咬十年怕井绳，小心翼翼地将自己藏进坚硬的壳里，偶尔探出头来东张西望，匆匆一瞥后又缩回原地。也有人闯过千军万马，受过刀枪剑戟各种伤，白袍染血照样提枪上马，寻找下一处战场，等待下一场厮杀。

小紫和男友同居一年后，男友突然消失，带走了两人所有的存款，连家里的洗衣液都没留下。没办法，小紫连续吃了两个月的泡面。后来她去上海做广告推广，收入可观，在外语补习班认识了一位本地男孩。两人感情倒是挺好，可惜男孩的父母介意她不是本地人而勒令两人分手。分手那天，上海下了那年夏天最大的暴雨，她一个人淋着雨走回家。

可即使是这样，如今你问她还会去爱吗？小紫仍会目光笃定地点点头。她没对爱情死心，下一次再遇到相爱的人，她瘦小的身体里还是会爆发出爱的力量。

我们这一生中也会遇到很多人，有些人来往一阵子，有些人来往一辈子，谁都不是预言家，没有谁一开始就能猜中结局。

电影《大鱼海棠》里有段台词说：“我们这一生很短，我们终将会失去它，所以不妨大胆一点，爱一个人、攀一座山、追一次梦。不妨大胆一点，有很多事没有答案。”

哪怕冲动一次，也就是后悔一阵子，但要是活得太怂，就会后悔一辈子。而我们有且仅有此生，比起失去和别离，从未拥抱更让人难过，不是吗？

想爱的时候用力爱，有酒的时候就去喝。未来的路这么长，走错几步也无妨。人生是一场接一场的未知冒险，谁也不知道未来会发生什么。一辈子那么长，输几场没什么好惧怕的。

人生有些选择题永远无法绕过去，你不能因为害怕失去，就不去拥有。

二

想起我的一位高中同学，和我一样，“90后”被催婚大军中的一员。我上次去北京出差，她带了一瓶红酒来酒店找我。许久不见，自然要小酌几杯。

“上次回家我碰见你妈妈了，说起你这大龄单身女青年，阿姨可是叹了口气呢。”我说着，把酒杯递给她。

“哎，下次再碰见我妈妈，帮我搪塞一下。”

“怎么，还真打算独身主义了？”

“也不是。身边有人给介绍男孩子，我也去见过。约会，吃饭，看电影，这些必经程序都走了。可一想到有人从此要介入我的生活，我就心神不宁。我真心很享受一个人的生活状态，也觉得现在这样挺好。”

懂，其实她说的这些，我特别懂。

我周围有很多优秀的单身姑娘，摄影、组乐队、开花店、健身、创业，她们是真的能把生活过出一朵花来的。家人健康、朋友二三，偶尔去看看世界，有自己内心的力量。好像没有一件事是必须两个人一起才能做的。

但问题好像也出在这里。单身久了也早就适应独来独往了，反正偌大的城市没一条路是不可以探索的，天地多辽阔，不用跟另一个观念迥异的人磨合，时间都属于自己，多自由。如果这个时候，有个人要接近你，将你从这样的状态中拉出来，你反而会觉得不自在，你会本能地排斥他进入你的世界。

相爱太麻烦了，成本高，风险大。两个人要从“你平时周末喜欢做什么”“今天天气还不错”“你喜欢吃什么”开始讲起，讲到各自有伤又痊愈的人生，讲到一脸高冷下滚烫的灵魂，才有可能，也只是有可能尝试交付真心。即便是这样，也没人能保证给你一个圆满的结局。

会寂寞吗？会。要恋爱吗？你眨眨眼，还是拒绝了。大概累了就睡、饿了就吃、难过了就刷剧打游戏这种无需取悦任何人的舒适，更能给你安全感，至少不会使你受伤。你的心上长了一层坚硬的壳，很难敲开。

不是没人喜欢你，也不是你不够优秀才被迫沦为“剩斗士”，而是你失去了爱的能力。你得了一种叫作“爱无能”的病。

什么是爱无能？知乎上有个高赞的答案，说得挺直白的：

爱无能，会对异性有心动的感觉，可真到要在一起，又会害怕、抵触。会没自信，觉得自己处理不好这段感情，到头来肯定会伤害到对方，想想还是算了吧。告诉自己不要陷得太深，还是尽早抽身而退，不敢面对。周而复始，循环往复，明知道这样不好，还是没办法克服。

我们怎么就变成爱无能了？

也许是因为，热情燃尽了，人就本能地学会了自保。也许是因为，山珍海味吃多了，胃口就和味觉一并消失了。也许是因为，每天匆忙地度过，忘记了去发现他人的可爱之处。从前，认识一个人是缘分，如今，认识一个人是走马观花。人们不再珍视每一次相遇，也习惯了相聚与离别。一切都变得没那么重要了，所以渐渐忘了怎样去关怀和爱一个人。

后来，我们活得太励志，活得太人模人样了，就算遇到非常喜欢的人，一旦开始担心诸如“他究竟是怎样的人”“他跟我会不会长久”“我们在一起能不能相处体面”这样的问题，那还有什么罗曼蒂克，早就被杀死了。

人都会寂寞。年轻一点的时候，如果感到寂寞或者喝酒喝到脆弱，即使没有明确目标，也会憋不住硬挑几个人群发“我想你了”。年纪大一点，哪怕心中有喜欢的人，也不会轻易给对方发消息，最多跑去对方的朋友圈下面点个赞。

比起寂寞，人们更怕麻烦。

二

同事跟我聊起她的表妹，一声叹息。

她表妹这一年接触了不少同龄的男孩，从公司的单身男同事到朋友圈里发展还不错的老同学，从隔壁搬来的帅哥邻居到派对上认识的新朋友。跟几个人暧昧过一段时间，跟其中的一个还谈了小半个月的恋爱。但也只有小半个月而已，然后表妹就又宣告了单身。折腾了一大圈，却还是独身一个，每天哀叹：什么时候才能遇到对的人啊？

有天她表妹跑来公司找我同事，赶上午餐时间，同事拉着我一起。还没等菜上齐，表妹便跟我同事吐槽：不是嫌 A 工资低就是嫌 B 太张扬，C 多好一个金融海归男，她又说人家太死板，给她介绍了个阳光大男孩 D，她又挑剔不稳重。她条条框框列了一大堆，后来总算出现了个符合条件的，可相处没多久她又说没感觉。

我问她什么是你要的感觉？

她说，就是心怦怦跳，见他第一眼就想一辈子那种。说完，嘟起嘴嘀咕了一句：对的人到底在哪里呢？好难找啊。

或许是她不懂，当你给爱设置了太多附加条件，当感情变得不再纯粹，小鹿乱撞的感觉自然而然也就没有了。

当一个人越来越现实，越活越明白的时候，也是爱情离他越来越远的时候。

你给自己的束缚太多，对别人的要求太多。你不敢带着一种轻松的心情去展开一段追逐。

你瞻前顾后、独善其身，最后就变得跟刺猬一样，谁都无法接近了。

二

至于爱无能这个病到底怎么治愈，我想再给你们讲一个故事。

两年前我去丽江的时候，认识了小猴子。当时我们几个朋友一起订了客栈，小猴子作为前台接待我们。那里的时间仿佛与整个世界格格不入，上午 9 点、10 点的时候，整个古城好像才刚刚要苏醒，因为我每天都要一个人在院子里晒会儿太阳，于是和小猴子便聊得多了起来。

小猴子是个女孩子，她原本生活在南京，辞掉了银行的工作来到丽江。我不知道她的年龄，看上去她大概二十八九岁的样子。我们留下了彼此的联络方式，我看到她在去年发过一条朋友圈，配图是一张她站在布达拉宫前的照片，光线很美，蓝天很美，宫殿很美，她的笑更美。

小猴子跟我说，原本她以为自己就要那样过一辈子。在体制内安安稳稳，和大多数同龄人一样结婚、生孩子、带宝宝、收拾家务。父母心里是着急的，别人家的孩子连考卷上的最后一道大题都写完交卷了，自己家姑娘还在磨蹭选择题。

有很长一段时间，小猴子说她会莫名烦躁、自我怀疑，觉得没有人会真的爱自己，自己也不会轻易交出自己的心。虽然平日看到别人秀恩爱自己也会酸，但这根本激不起她想要谈恋爱的心思。至于工作也就那样，懒得钩心斗角。总之，有几年，工作、生活、爱情都挺让她灰心的，没有一件能让她开心的事，也不知道一辈子这样到底意义在哪。

自己明明没有错，却又像犯了什么天大的错。在这种状态下，小猴子决定出去走走，这一走，便留在了丽江。

后来我和小猴子一直保持着联络。

我看到她飞去台湾学习花艺，回丽江开了花店。苍山洱海鲜花，想想都让人心动吧。许多个夜里，小猴子会给我发信息说：我有时候会幻想生活像俗不可耐的电影剧本一样，在机场领错了行李，或是在小酒馆不小心洒了邻座一身西打，或是在某个书店，两个人共同在书架上拿起一本书。可结果什么事都没有发生。

不过值得高兴的是，小猴子并没有让关心她的人等太久。

在她最新的动态里，我知道她恋爱了。她的照片不再是自拍，而是男友视角。演唱会的票是两张，鳗鱼饭是两份，有人帮她修理花店的灯泡，有人和她一起打烊。照片里的男孩看上去谦和干净，洋气儒雅。金童玉女，一对璧人。

我突然想起张嘉佳写过的一段话：我希望有个如你一般的人，如这山间清晨一般明亮清爽的人，如奔赴古城道路上阳光一般的人，温暖而不炙热，覆盖我所有肌肤。由起点到夜晚，由山野到书房，一切问题的答案都很简单。 我希望有个如你一般的人，贯彻未来，数遍生命的公路牌。

嗯，斯人若彩虹，遇上方知有。

男孩跟小猴子在尼泊尔旅行的时候，在她的零食袋里藏了一枚戒指。小猴子在路边摊随手买了十几块钱的头纱，两个人在街头互相看着傻笑。

如果是在电视剧里出现这样的桥段，我肯定会吐槽："现在编剧套路都好相似，没创意。"但小猴子的故事，还是让我心里颤了一下。

一个人过得是否快乐，与天气无关，与年纪无关，只和他遇到了什么样的人，过着怎么样的人生有关。

一

说了这么多，其实是想告诉你们，爱无能这个病不需要治，哪怕它是单身过久诱发的现代病，哪怕它被各种条件捆锁在你身上，等你真的遇到那个人了，阳光微暖，樱花飘落，自然药到病除。相爱相处或许是一种能力，爱上某人却不需要能力。

爱是不需要演习的，你也不需要每天思考"我到底该喜欢什么样的人""那个人出现的时候会是什么样子"。当那个人来到你面前了，你心里就会像被什么"叮"的敲了一下，心里想"好啦好啦，是他了"。

我之前一直觉得自己年纪不轻了，不再相信无缘无故的爱，希望喜欢我的男孩子把喜欢我的原因一条一条列出来。后来才发现，能有什么原因呢？喜欢就是莫名其妙的，是你自己都没办法解释的东西，是“别的都不管了，我先豁出去爱一场”。要什么法则呢，何必非要探究所以然呢。

毕竟，与有情人做快乐事，别问是缘是劫才对呀。

想起一段我很喜欢的话送给你们：睡美人的故事里，公主出生以后，国王和王后请来了几个仙女庆祝，仙女们很慷慨地赐予小公主祝福，比如湖水似的眼睛、绸缎般的长发和善良的心。女巫因为没有被邀请，很生气地诅咒公主只有获得真挚的吻才能苏醒过来。小时候很怕女巫，现在想想，其实是女巫送给了公主最好的礼物。谁不是遇到了真爱，才苏醒过来的呢。

嘿，祝你在漫长的岁月里，总有一次爱得尽兴，那一定会把你从人生的无趣里打捞出来。

间歇性自闭

我没有屏蔽你，

只是不再

把情绪随便公开

朋友圈像是一个巨大的容器，
把喜怒哀乐这些情绪通通装了进去，
表情包是我们的面具。

那些在朋友圈里过得好的人，也许是戏精。
他们演得最好的那一场戏，是懂得自己吞咽苦楚。

如果我们每天思考的问题，
能从“他为什么过得比我好”换成“我现在应该做什么”，
也许我们还有机会活成自己想要的样子。

每个人的主页，都承载着许许多多的凝视。

上周末跟朋友聚会，不知谁提起，我们共同认识的一个朋友，刚升职做了项目负责人，在深圳买了一套新房，孩子念的是国际幼儿园。

原本轻松欢乐的气氛，顿时凝重了起来。好像那根小心翼翼放松的神经，突然又被拉紧了似的。每个人的脸上立刻写上了“我不开心”四个字。

你的微信中有多少好友？500个，1000个，还是2000个？

只要你打开朋友圈，他人活色生香的生活就扑面而来。当然我们心里明镜儿似的，朋友圈只甄选最上镜的那段日子，精心挑选出的各自生活的“高光时刻”，像是生活的剪报。

不管别人是否有意显露自己的生活，但那露出的冰山一角就足够我们羡慕了。我们嘴上说着不在乎，实际内心已经翻江倒海。最怕的是回过头发现别人成绩满满，甚至又往前跨越了一个台阶，自己却还在原地打转。

人总是会情不自禁地将自己和他人进行比较，不比不知道，一比真烦恼。

如果我们每天多花点时间沉浸在朋友圈里，是很难不焦虑的。那些年考试成绩不如他的男同学，如今不是大区经理就是政界名人。

那些年没人追的女同学，冷不丁公布喜讯，如同挑衅般地警告：当你在浪费光阴的时候，别人都在忙着进入人生的下一个阶段。

你懊恼在早高峰的地铁里有人踩了你新买的高跟鞋，有人在此时晒了圣托里尼的日出。你加班完已经是深夜，从写字楼出来的你被冷风吹得不禁打了个寒战，有人刚刚吃完男朋友亲自下厨做的爱心晚餐。今年已经是你第三次搬家了，你刚收拾好一地狼藉，就看见去年和你一起合租的那个女孩付了首付买了一间公寓。父母在电话里催促你交男朋友，有人随手在朋友圈晒了结婚证书。

尽管我们也在努力地生活，但总觉得别人获得的更多，别人才是真正的人生赢家，别人早已把我们甩在了后头。

朋友圈是自己的，但快乐和幸福却都是别人的。在落差中，别人的光鲜生活难免会让我们降低对自己的评价，伤害自尊。

别人像开了光一样什么都好，自己像中了邪一样怎么努力都白搭。这就是焦虑的根源。我们搏斗的不是整个朋友圈，而是自己内心深处那道永不甘心的阴影。

—

白天的朋友圈，像嘉年华；深夜的朋友圈，更像是故事会。

如果你曾在凌晨 1 点后刷新朋友圈的动态，或许你会解锁了解一个人的新方式，会看见每个人平时没有表现出来的另一面。

平时作为朋友圈励志担当的小李发了一张城市夜景，说这座城灯火辉煌，可是没有一个能让他容身的地方；投胎技术过硬的富二代说自己从小到大没交到过真心的朋友；只更新搞笑段子的孙同学忽然分享了一首伤感的情歌；公认的女汉子说她在修好水管的那一刻很想大哭一场；月薪过万的学长说他已经两年没有回过家乡了。

事物永远都有凹凸面，你所得到的都是你失去的东西在为此支撑着。

这些隐晦的情绪像是荧光棒，白天看不见，可到了晚上关上灯，就能看得一清二楚了。而无一例外的是，这些深夜里的真情流露出的另一面，那个一身软肋无一盔甲的另一个自己，总会在第二天太阳升起的时候被删除，然后重新投身到熙熙攘攘的生活中。

成年人的世界就是这样，快乐得不纯粹，悲伤得不彻底。

生活从来都离不开酸甜苦辣，每个人都有鲜为人知的一面。当你在羡慕旁边的大树高大茂密的时候，大树却在羡慕你不像它那样孤独。

说到这里，不知道你是否已经明白，谁的人生都会有别人洞察不到的烦恼，要看清一个人的生活全貌太难了，所以不必去羡慕别人生活的美好，也别过分抱怨自己生活的不顺意。毕竟我们拼命追寻最好生活的这一路，拔腿奔跑，都是辛苦的样子。

那些在朋友圈里过得好的人，也许是戏精。他们演得最好的那一场戏，是懂得自己吞咽苦楚，与他人分享快乐。他们为了少数的、短暂的美好在咬紧牙关，但是那些咬紧牙关的时刻呢，从不在朋友圈里，而在占到生命百分之九十的闷声埋头赶路的途中。

二

不过你有没有发现，如今不发朋友圈的人越来越多了，设置三天可见的人也越来越多了。

以前我们看了一部剧或者电影，要发条朋友圈写写观后感；出门旅行要分享一下不同文化；即使是偶然瞥见一朵好看的云，路边一棵奇怪的树，池边捉蜻蜓的猫咪，都要发条朋友圈感叹一下大自然的可爱。

慢慢的，越来越多人加进来。同事进来了，讨论工作；亲戚进来了，点评你的生活，顺便给你介绍相亲对象；小学同学进来了，用奇怪的语气说你现在混得不错；只见过几面的朋友进来了，问你买不买保险。之后，连房产中介、淘宝客服、装宽带的、修空调的，连楼下理发店的 Tony 老师也加进来了。

人虽多了起来，可与微信朋友圈早些年的热闹红火的景象相比，如今的我们，更新和翻阅的欲望都已大不如从前，而那个标志着新动态来了的小红点似乎也不再出现得那样勤快了。

我们加的人越来越多，但是发朋友圈的次数却越来越少。现在的情况是，我们点开一个朋友的朋友圈，最新动态停留在大半个月前，点开另一个，显示“朋友圈仅三天可见”，更新勤快的只有公众号和微商了。

我们的微信变得不再私密，朋友圈也不能发得无所顾忌。毕竟在众人面前敞开自己的内心世界，是一场风险不低的冒险，而不随便把情绪公开在朋友圈，也是一种温柔，更是礼貌。

二

如今，是我们已经没有了倾诉的冲动，还是我们已经没有了交流的欲望？

我觉得不是，我们每一个活生生的人，都渴望倾诉、希望被理解，但我们确实越来越不想发朋友圈了。大概是因为，不发憋屈，发了矫情。

关于这个问题，我问过几位朋友。

有人说，现在每次发朋友圈都要思前想后，这条能不能发，发了会不会被吐槽，会不会不够有趣，会不会被说装，会不会让别人多想，等等。每次都要考虑半天，小心翼翼设置分组。等忙活完了，连发送的欲望都没有了。算了，还是继续工作吧。

有人说，夜晚的时候情绪泛滥，什么脆弱、焦虑、忧愁一股脑地涌来，这种时候万千情绪堵在胸口，不发出来真的会憋死。可一觉醒来，又觉得昨晚的自己软弱矫情，而且并没有什么人递上关心，所以只想快点把动态删掉，还要告诫自己下一次可不许这么纵容自己了。

还有人说，就是很忙呀，小目标立太多，不想打自己脸，所以总有忙不完的事。不管是取得成绩还是备受挫折，都与他人无关，只关乎自己。

“我没有屏蔽你，只是不想把情绪随便公开”是如今大多数人的心声吧。

我们每一天都有不同的经历，每一刻都有不同的情绪变化。你看到以前我开心的样子，不代表我真的天性乐观开朗。你看到某一刻我突然很难过，也并不说明我是个很“丧”的人。

有些东西，作为过去某一段时间或者某一瞬间的印记就好，但无法成为你真正了解一个人的途径。关于过去的时光，如果你已经参与，我会在闲暇的时候，在怀念的时候，在清晨，在午夜，独自一个人拿出来细细回望。但如果你没来得及参与，那也没关系。

一个真实的人，他的朋友圈不应该只有诗和远方。还会有苟且，有不堪，有失态。

成熟，就是将注意力从晒幸福、晒经历变成自我消化的淡然。人生这条路走下来，你会慢慢将外在的表露冲动，变为内在的沉静自洽。

微信的英文名字叫 Wechat，而朋友圈则叫 Moment，直译过来就是即刻、当下的意思。从这个角度来说，这本身提倡的就是一种关注当下的意思。

朋友圈，本意是为了记录和分享真实的生活。我们在这其中体会失去，了解珍惜，品尝离别，得到成全。这或许是我们来这世间走一遭的真正意义，所以，为什么要羡慕别人，你手里拥有的便是最好的。

你不用假装过得很好，这个世界上没有几个人是你的观众。

当你想到了以前，那些历历在目的人，除了三两亲友还在关注你之外，唯有你默默地独自面对世间喧嚣。

那些你很在意的事情，经过岁月的涤荡之后，在你的记忆中变得无足轻重起来，那是因为它们早就应该结束了。这个世界上过得好的人，都是该吃吃，该喝喝，该哭哭，该笑笑，不逃避，不畏惧的。

如果我们每天思考的问题，能从“他为什么过得比我好”换成“我现在应该做什么”，也许我们还有机会活成自己想要的样子。

外向孤独症

别敲我的门，
我和全世界都认生

老板夸你工作业绩突出，但他不知道你的腰间盘更突出；
爸妈夸你人缘好，但他们不知道你看见人就想跑。
心里有无数句“去你的”，但到嘴边都成了“好的”。

越来越不擅长直抒胸臆的成年人，
开始把自己真实的情绪安放在那些无人知晓的地点和时刻。
比如深夜的卧室、公司的茶水间、凌晨 3 点的窗台前。
越私密越好，越独享越好。
内心世界的崩塌，不是一阵轰鸣，而是一声呜咽。
性格表现得太强硬终究不是件好事，
或许这样没人能伤害到你，但也没人能够靠近你。
一个人不能活得太容易，
但也别把自己逼得太狠，你要有个度。

有人这样形容成年人的一天：

早上：今天又是元气满满的一天！

中午：红红火火，恍恍惚惚。

晚上：嘻嘻嘻，哈哈哈。

凌晨：人间不值得。

成年人会做一些假装自己不在意之类的蠢事，然后在某个情绪堆积的夜晚，和泡在泪水里的枕头一起入眠。内心沙尘暴卷走了一座又一座城市，残垣断壁又被海啸冲刷，心碎成了沙子，就算捡起来都根本没法拼。溺水了以后又被鲨鱼吞掉，等了三夜都没有等到天明。无人生还。

这种程度，说出来的却是："没什么啊，怎么了？"就像小孩子要不到糖果，看似没什么大不了，实则会在心底大哭一场。

周末的时候我在家大扫除，将一些衣物和看过的书整理打包，准备捐出去。吸尘、擦地、刷地垫，忙了整整一个下午。

预约了快递员上门取件后，我搬了梯子准备挂洗好的窗帘。我个子不高，站在梯子上还要微微踮起脚才能够到窗帘钩。突然门铃响了，我的狗狗跑到门口大叫，我吓了个激灵，一个没站稳从梯子上摔了下来，真是巧了，右脚踝先着地。我高中时滑冰崴过右脚，虽然过去很多年了，可如今有时候路走多了或是踩在石子上没站稳，右脚踝还是会肿起来。以前医生就叮嘱过，不要觉得自己年纪轻恢复力强就不把受伤的地方当回事，平时一定要小心。我心想：幸好幸好，刚才扶住了墙，没有整个人坐在右脚踝上。

门铃还在响，狗狗跑过来舔舔我，又跑到门口大叫。我狼狈地扶着沙发起来，一小步一小步地蹭到门口开了门。我把东西递给快递员，麻烦他今天一定帮我寄出，关上门我又蹭回客厅，坐在沙发上揉着脚踝。瞥了一眼茶几上的单向历，今天这页写着：宜软弱。然后，眼泪大颗大颗掉下来。那种感觉就好像你一个人花了很久的时间，闷头搭建了一座城堡。忽然吹过一丝温柔的风，城堡"轰"的一声，全然坍塌。

扭伤之后的第三天，我和朋友约在咖啡馆说点事。聊到最后她问我，最近过得怎么样？

我想都没想回答说："挺好的啊。"

朋友笑笑说："每次问你，你都说很好，希望是真的。"她起身拍拍我的肩膀，转身离开。

回家的路上我一直在想，不然我该怎么回答呢，真的要把开心和不开心和盘托出吗？感冒刚刚见好前天就又崴了脚踝，不想去医院自己买了跌打损伤的药，最近工作处在瓶颈期，灵感似乎躲着我，新书迟迟不能截稿，"水逆"真的害死人……

不能和朋友坦白忧愁，强装很好的那一刻，我吃力而孤独，甚至觉得自己有点怂。

其实我并不想做泾渭分明的成年人，可不知从什么时候起，我没有办法在任何人面前大大方方地袒露自己的脆弱，做个撒泼打滚、痛哭流涕的孩子。要求以及接受别人的爱与馈赠是一种能力，而我已经没有这样的能力了。

性格表现得太强硬终究不是件好事，或许这样没人能伤害到你，但也没人能够靠近你。

任何事都自己扛，任何情绪都要隐藏，哪怕这样会很痛苦，也不愿给别人徒添烦扰。严禁自己张口向别人索要关心，其实也是一种残缺。

一

捷茜很久以前交往过一个男朋友，年长她几岁，那时候捷茜是个爱哭鬼。

平时遇到难过的事，她担心对方嫌弃她幼稚，只能背着他悄悄丧气。那年国考捷茜顺利通过笔试，然而在三进一的复试中被淘汰了。从考场出来，捷茜打电话给男朋友，刚一开口就“哇”的一声哭了出来。电话那头没有半点安慰的意思，只有冷冷的一句：“我准备了两个月的提案被撤销了，我都没跟你诉苦，国考被淘汰这种事多了，也没看人人都像你这样哭啊，好了好了别哭了，多丢人。”捷茜挂断电话，那种凉进心里的滋味，别人根本无法感同身受。

“我坐在花坛边，用围巾把眼睛死死遮住，流出的泪水瞬间被围巾吸走，那样我会觉得自己并没有哭。”捷茜说这句话的时候，我心里颤了一下。

一个月后，捷茜陆续收到几家公司的录取通知书，她选择了可以更多发挥自己专业的那个岗位。公司给她租了公寓，薪水比她预期的高。捷茜说，工作落定那天，她的男朋友及几个好友一起来为她庆祝，她以为自己会非常开心，但事实上并没有，她出奇地平静。她说她男朋友说得没错，国考大军成百上千，被淘汰的人多到数不清，可她在那个当下就真的只想哭出来，她知道哭解决不了任何问题，可她就是想难过一会儿，却没有被允许。

在我们长大到一定的程度之后，尤其在励志鸡汤当道的今天，难过总显得“不合时宜”，眼泪必须是隐秘的，甚至是奢侈的。或许是太沮丧太想哭的那个时刻忍住了，心里就此打了一个结，所以连后来值得开心的事也会打了折。

我看到过这样一段话：每一个我们觉得想要失声大哭的时刻，后来看上去都矫情得要命，但在当时它就是天降阴霾，就是狂风骤雨，就是一枚突兀的、凶猛的深海炸弹，谁也不信平静的水面下有过一声轰隆作响。但那颗炸弹，是真的被投下去过。可你静静地站着，不想让任何人知道。

所以难过这事根本无法做比较，你忙了几个月的项目最后没有通过，他投出的十几份简历都石沉大海，我因为帮同事背黑锅被领导批评，哪个更惨？哪个更值得哭一场呢？我们是无法判断的。但我肯定，每一个难过在那个当下都是真实的，不是表演，所以不该被比较，也不低级。

人为什么懂事，是因为没有一个可以在他面前肆意示弱的人，环境所迫没有别的选择，必须懂事。

在许多个我们试图要卸下外壳的一刻，被告知“不许哭”“会丢人”，然后我们憋着劲儿试图堵住难过的倾泻，逼迫着自己变成了一个不太容易难过或者说根本不敢太难过的人。

—

辛欣出差，路过我这里停留了一天。许久未见，辛欣变得越发漂亮，走路带风，自信满满。

她说，上个月自己的学术论文发表，刚刚升了讲师；看好了一户小高层的房子，准备过几天去交首付款；预定了年底去国外的旅行。我真心替她高兴，那个刚工作只拿 2500 块月薪的小女生，短短几年就能够有今天实在是不容易。

聊天时我问："你爸妈身体挺好的吧？今年过年回家，我要去看看叔叔阿姨。"

"我爸爸上个月去世了。"辛欣放低了声音。

"怎么从没听你说过？这么大的事情也不告诉我？"

辛欣的朋友圈更新还算频繁，我也经常围观。有时她会发一些工作日常，有时是旅行的美景，有时也会吐槽和写点心情，但我肯定没有看到她发过任何关于家人的事情。

"胃癌，检查出来的时候已经到晚期，一周就走了。事情来得太突然了，就没和大家说。"

"朋友圈也没见你发。"

"发过，但我在第二天一早赶飞机的路上删除了。"

辛欣说从得知父亲的病情到办葬礼一共十天，这十天里辛欣没有流过一滴眼泪，她说她满脑子都是"不能哭不能倒下"。那天忙完父亲的葬礼，送走亲朋，她一个人回家整理父亲的遗物。在一个老旧的皮箱里翻到一本退了色的红皮证书，是辛欣小学五年级那年获得的"市三好学生"证书。辛欣再也绷不住了，她把父亲的衣物和那本被父亲小心收藏起的证书紧紧抱在怀里，号啕大哭。

她说，自己不能在人前失声哭泣，她一直硬撑着，直到那一刻她想认怂、投降，任由脆弱感排山倒海般袭来，任由情绪宰割撕扯，泪水奔涌而出。

第二天天亮，枕头上的泪痕已经风干，闷在被子里的哭声也已消散。起床洗漱穿衣，开车去机场。她说之前自己在潜意识里一直在逃避父亲去世的事实，她假装没事，假装这一切都没发生。反而是痛哭后的自己，变得不再那么压抑，她坦然接受父亲确实离开了她，她还有妈妈要照顾，还有工作要跟进。昨晚的歇斯底里是真的，第二天恢复到平静坦然的状态也是真的。

后来，辛欣还跟大家在群里唠着家常，但唯独对父亲过世的事只字不提。在社交平台上，在日常生活中，她也保持着一个看起来正常的状态，做该做的事，说该说的话。后知后觉的我，只是心疼。

一个人你看他很正常地坐在那里，但内心却可能早已崩塌粉碎；你看他可以若无其事地跟你讲话，但却不知道他曾在哪个角落里痛哭过。

比如，那个坐在你对面的同事，还在跟你谈论着今天中午吃什么，但可能她刚刚和男朋友分手，被赶出家门，无处可去。

比如，那个你常去的便利店的兼职生，还笑着跟你打招呼，但可能他刚因为收银出错，被老板劈头盖脸骂完一顿，扣了工资。

比如，那个你家隔壁常给你送美食的邻居，还在提醒你明天小区停水记得做好准备，但她可能刚和那个出轨的老公办完离婚手续。

成年人的世界，早已无师自通学会了一项本领：越痛越不动声色，越苦越保持沉默。或许，你也曾窥见一丝丝痕迹，但不会觉得很奇怪，因为你也曾是这样的成年人。保持沉默，自己消化，是一个人最大的自觉。

一

现代人的崩溃是一种默不作声的崩溃；现代人受伤的方式，是拳头缠着软绵绵的纱布，一拳一拳地打在身上。看起来很正常，会说笑、会打闹、会社交，表面平静，身上没有伤痕，没有流血，只有一点若有若无的瘀青。

实际上没有人知道，透过那点瘀青，心里的糟心事已经积累到一定程度了，每一个器官都已经被那些拳头打到面目全非。可仍旧不会摔门砸东西，不会流眼泪或歇斯底里。但可能某一秒突然就积累到极致了，不说话，不想活，也不敢去死。

如果不学会直面悲痛，就会像深吸了一口气，然后用余生来憋着那口气。没人是铜墙铁壁，无坚不摧。绝望的时候，会难过，会崩溃，会一蹶不振，都是再正常不过的事。如果没有情绪地活着，才真的成了一副行尸走肉。所以，很多时候你想难过一会儿，也可以。

不管到了多大年纪，都应该保留感知脆弱的能力，但别被脆弱击垮。最好的成长，从来都不是来自伤害，或者被稳妥地保护起来。

而是在被荆棘刺破皮肉，血肉模糊时敢于面对伤害，敢于袒露自己的心。

既然伤害不可避免，很多事不由我们控制，那请你偶尔放自己一马，哭一会儿，天亮后再做大人。

二

长大是一件扫兴的事。

从前我们是爱哭的，喜欢依靠别人。如今呢，总是对着世界摆出一副冰冷冷的扑克脸，变成了习惯硬撑的大人，心里做好了各种高度警戒，用来应对各种妖魔鬼怪和突如其来的恶意。好处呢，是我们终于学会了坚强，学会抵御生活里一切的不善意。坏处是，时间一长，你会忘了扑克脸后面有爱上扬的嘴角，变得冷漠和麻木。

承认吧，我们都是在深夜里崩溃过的俗人，没有哪一趟险途不是让人遍体鳞伤的。考研失败、四处求职无果、工作上替别人背了黑锅、一个人深夜顶着高烧去医院打吊瓶、相恋多年的人说不爱就不爱了……

太多暗黑时刻，泥石流一般扑过来，让你满心苦涩。哪还顾得上什么十里洋场、风花雪月，光是生存，就已经筋疲力尽了。

但我想，上天为我们安排这些磨难与挫折，并不是想考验我们能否一笑而过原地满血复活，太多的经历我们都不可能睡一觉之后便能从容面对，这些磨难的安排其实是让你学会去承受痛楚的。

无论你在那些突如其来的艰难到来时如何咬紧牙关，总会在某一个瞬间觉得难以抵挡。没关系，你可以在没人的地方痛苦一会儿。与其为过去的人和事折磨损耗自己，不如好好哭一会儿，然后拍拍裙摆上的灰尘，继续往下一个路口奔跑。

有时候拥抱负能量是比宣扬正能量还需要勇气的。因为清楚地知道自己不会被一时的痛苦打倒，即使被痛苦没过头顶，也依然清楚地知道，悲伤过后，依然可以像从前一样站起来。日子还是要继续，悲痛总会过去，你终究会自己走出来。

这样的自信，是一个人不逼迫自己逞强的底气。

一个人不能活得太容易，但也别把自己逼得太狠，你要有个度。

毕竟人并不是因为强大而刀枪不入，相反，人往往是因为强大而敢于脆弱。

在世间摔打很多年，愿你依然还有被感动的能力，流泪的能力，脆弱的能力，以及永远温柔地看待这个世界的能力。

病态占有欲

不要为了面子而活，被假精致所绑架

有这么一群人，
表面看起来光鲜亮丽、吃喝不愁，
背地里却成为花呗黑名单候选人，
经常表现出一种“这次错了，下次还敢”的野性。
他们容易产生“只要剁手速度快，
欠款就追不上我”的错觉。

实际上，人们热衷于在社交网站上晒出自己精致的生活，
以此来达到自己的炫耀欲。
想传达的不是“我买了一个商品”，
而是“我有消费名牌的经济实力”。

现在的人很奇怪，有人花前月下，有人花下个月的钱。“新穷人”这个词，概括了大多数初入社会的年轻人的现状。受过高等教育，外表光鲜亮丽，拿着看似不错的薪水，追逐中产的品味和生活方式。虽然已经工作几年了，但几乎没有积蓄可言。

我和曲小姐是在一次读书交流会上认识的，她是我朋友圈里“精致女孩”的代表。早餐五六样点心摆满了一桌，配上 Ins 风格桌布和餐碟，中午和同事在五星级餐厅聚餐也是常事，晚上红酒牛排从来不少。她关心时尚新闻、娱乐八卦，与朋友们讨论最多的永远是时尚博主们最近种草了哪些单品等。

有次周末和曲小姐约好去一家网红甜品店尝新品，我提前到了她的住处等她。出门前她准备化妆，于是我看到了她朋友圈相册里曾出现的轻奢风梳妆台，实则是在杂乱无序的书桌上腾出的一块空位，我们两个人顺便还整理了一下过期的化妆品准备丢掉。当看到她打开衣柜门，狼狈地接住滚出来的大堆衣服时，我在心里果断移除原先赠她的“精致美女”牌匾。

在逛街的三小时里，她将新款包包、美容仪、面包机及口红礼盒一一收入囊中，还办了一张身体护理的会员卡。她刷卡时面不改色。

那时候我在想，这姑娘八成兼职赚外快吧，这消费能力真是惊人。

那之后不久，有天深夜我收到她的微信："你这个月开工资了吗，可以借我点钱吗？我这个月的信用卡还没还。"

"可上周我看你才买了苹果电脑。"

"嗯，分期买的。"

后来曲小姐在我这里借借还还许多次，每次我都能感受到她对这种财务失控的焦虑。

但朋友圈里的她依旧时常出入西餐厅，星巴克新季杯款全套收，各地网红酒店打卡。

"起初，我只是想买刚上市的 iPhoneX。一个月还 270 块，我完全可以负担得起。谁知欲望和贪念就像滚雪球一样越滚越大，我开通了花呗、借呗等一系列的借贷工具，拆了东墙补西墙。还不起就分期，分期不行就套现。我不敢考研，不敢辞职，只能一步一步向前。用房租和吃饭以外的每一分钱来偿还透支的每一个明天。"

我长吁一口气，这怎么看，都像是来自一个被欠债拖垮的人的自白。

一篇报道曾对现代人的生活状态做出总结：能买吸尘器就不用

扫帚；吃完牛油果又要吃藜麦；100 块钱一张的面膜用起来也不心疼；口红两三只不够，要集齐全套；租房得租独立厨卫，还要带落地窗的房。

追求美好的生活本没有错，最怕这所谓的美好，是一戳就破的表象。

这是当前社会的通病，从实体店到网店各种慢性洗脑：犒赏自己、文艺范、享受当下及各种充满小资情调的宣传，让很多人误以为生活就应该是那样，不能认清自己、做好定位，盲目跟风，误以为自己跨入了与众不同的圈子。

精致、仪式感、爱自己是如今各大销售平台惯用的营销手段，告诉你快来买，买了你就是投资自己，用了就代表你精致了，晒了这些你就已经超越了同龄人了。

人们热衷于在社交网站上晒出自己精致的生活，以此来满足自己的炫耀欲。想传达的不是“我买了一个商品”，而是“我有消费名牌的经济实力”。即使买这件东西攒了很久的钱抑或是分期购入的，都不重要。

习惯把物质抬到过高的位置，过于看重“被大家看到”，来标榜自己生活得很好，美其名曰“生活需要仪式感”，然而这些充其量不过是戴上虚伪帽子的“伪仪式感”。

到底是自己真正过得舒适重要，还是活成别人眼中精致的样子重要，很多人已经无法分辨了。

即使是暂时地沉浸在眼前五光十色的生活假象里，过不了多久，也会被现实狠狠地拖拽出来，打回原形。

潮流永远属于年轻的穷人，精心打造出来的美好，或许能让不明真相的人羡慕不已。可戳破虚假后，只有自己知道真实的生活有多糟糕。

这种所谓的精致，所谓的仪式感，其实只是一种假象、一种作秀罢了。

二

曲小姐面临的困局不是个例，而是已经成了一个群体性现状。

大多数刚刚迈进社会门槛的新人，其实能负担的只是刚刚能满足自己日常开销罢了。

在这个消费主义、享乐主义盛行，微商、代购随处可见的时代，“买买买”似乎成了一种正能量，一种我们爱自己最直接必然的手段。

刹那间，花钱不仅和欲望紧密相关，而且还成为生活里仪式感的表现。

用六位数的密码，保护两位数的存款，是大多数人的现状。可即便是这样，还有很多人为了维持能被别人看到的“高配生活”，透支着自己的未来。

其实说得直白一点，显摆出来的“精致”等同于虚荣心。

不是说虚荣心不好，每个人都有这样的心理，只是在你还不具备实力的情况下，虚荣心只会害了你。

对生活有仪式感，原本只是为了给平淡的生活加一点甜，但超出现实基础的伪仪式感却会让生活一地鸡毛。虚荣一时，最后只会跌得更惨。

人一旦开始用便宜和贵这种词来衡量自己，便很容易陷入欲望的沼泽。假精致榨干的不仅仅是钱包，还有内心。而虚荣心是魔鬼，会把一个原本就不富裕的人折磨得更穷。

二

真实和精致从来都不矛盾。

许多精致或许藏在别人看不见的地方。它与金钱无关，不是物质的堆砌，而是一种由内而外的生活态度。

我之前的一位同事，布展活动用过的鲜花她会带回家倒挂晾干，做为干花花束插进花瓶。有次去她家，发现离衣柜最近的抽屉里就放了一个粘尘滚筒，穿外套前会顺手清理一下。

邻居丢弃在走廊的驱蚊草，她拿回来养得很好，她说夏天被蚊子咬了红包后可摘几叶驱蚊草涂抹止痒。她不会盲目跟风选择护肤品，会根据自己的肤质做好功课，只购买适合自己的，并且每瓶护肤品底部都贴着标注使用截止日期的白色便签……

她的包包里有吸油纸、口香糖、一小袋喂流浪猫的猫粮及一本最近在读的书。穿的衣服没有褶皱，鞋子没有灰尘。

我非常赞同一句话："真正的生活，是在能力范围内享受到最好的，比平庸更讲究，比奢华更自由，不必等到一切准备就绪，但也不能透支未来。"符合收入状况的、简约的消费观也能做到体面的精致，也能把生活过得有滋有味，大方得体。

精致是处心积虑地照顾自己，不用名牌堆砌，没有矫情做作，全是用宠爱自己的小细节集结而成，精致点滴与生活一气呵成，融为一体。

生活需要一点仪式感，这一点错都没有。

但真正的仪式感并不仅仅是代购几套外国护肤品，买了美妆博主直播的口红，在网红餐厅拍下几张照片，在落地窗前发呆那么简单的事。

人生没有多少诗意，生活是一张琐碎的网，我们在各种细碎的东西上，编织美好。精致并不会高于生活，它是插播在生活中的一条条精彩的节目，它应该是源自内心，融入生活的。

真正的仪式感是将平常、细碎甚至有点糟糕的生活，过得认真而讲究，过得开出花儿来。

这才是精致本身的意义，看上去光鲜亮丽，私底下妥妥帖帖。

小时候，我们想要一个游戏机、铅笔盒，会每天仔仔细细攒下零花钱。终于等到一个多月后的某天下课，飞奔到小商店，从售货员那里接过它，像获得了一件新的宝贝。

10 年前，男孩为了给喜欢的女孩买一个礼物，窝在寝室吃了两个星期的泡面。小心翼翼拎着礼物，心底的潮水翻了无数个滔天巨浪，脸上却风轻云淡地把礼物塞到对方手里。

那个时候，我们想要什么，我们愿意花时间去努力、去忍耐、去等，为什么现在就等不及了呢？想要什么，大不了再等等，大不了再努力一下，大不了再忍耐一会儿，一路追赶，自己去争，去得到。

不要让你的光鲜亮丽最后都变成了徒有其表。唯有你的价值配得上野心，钱包才能满足一部分的欲望。

愿我们都能不被过盛的物欲拖累，别让自己为了面子而活，被假精致所绑架。做个内心真正丰富且快乐的人，才可以拥抱与自己相符的精致生活。

“

有时候我们应该

佩服自己，

能咽下

一肚子的话和心酸，

只说一个

‘嗯’。

”

隐性自恋

千万别以为
发脾气和卖惨，
世界就会迁就你

患有“隐性自恋症”的人往往不自知。
总是想尽一切办法自我安慰、自我奖励，
舍不得自己受半分委屈，
嘴上说着“人间不值得”，
但一顿饭能点三份外卖。

人生里几乎没有奇迹，
你得到的和遇见的，
无非是些你可以得到和遇见的东西，
但几乎所有人都希望奇迹发生在自己身上，
说起来，这倒是像个奇迹。

和 Deanna 约了下午茶，她聊起最近自己手下带的两个业务员，是两个完全不同性格的姑娘。

上周一，Deanna 整组的人去客户公司谈广告推广方案。到了会场，客户公司的线路临时出了点问题，会议室的投影仪不能使用，而 Deanna 又没有准备纸质资料。

客户虽然知道是自己公司出了岔子，但还是十分不悦，埋怨她们考虑不周，没有做应急备份，白白浪费大家的时间。

其中一个女孩心里觉得委屈，居然小声哭了出来。她觉得合作是双方的事，对方投影仪出了问题，为什么不能谅解这次会议事故，居然拿己方撒气。团队熬了好几天做的方案没有机会展示也就算了，还被顺带批评得一文不值。她脑子一热，站起来准备跟客户争辩，“明明是你们……”话还没说完，另一个实习女孩站起来，“真的不好意思，是我们准备不够，但既然大家都坐到这了，能不能给我们一个展示的机会，我们公司对这次合作很有诚意，对我们的方案也很有信心。”

客户明显有些不耐烦，但还是同意让她试试。这女孩要求借用一块白板，在上面画出推广方案的整体思路，逻辑清晰地表达了创意，把自己电脑里备份的数据来源和分析临时打印出来给客户看。对方几个人互相看看，然后点头默许。

Deanna 叉下一小块蛋糕送进嘴里，“我当时真的特别惊讶，我没想到一个小姑娘在面对突发情况的时候，分得清面子和利益。”说完还接了一句：“我们那时候就没有这么聪明了，不是服软求放过，就是觉得自尊大过天，一句道歉的话都说不出，真是傻啊。”说完，我们两人都笑了起来。

年纪轻一点的时候，总觉得低个头道个歉就是对自己人格的贬低，只有处处要强，处处占着上风，才能显得有志气。后来在无数次受委屈和背黑锅中，才明白人要在谦卑中学会放低身段，才能让自己走得更快，才能达到目的。

每个人都要为自己的行为付出代价，而一个人厉害与否，并不在于他能选择跟结局讨价还价，而是无论怎样的代价，只要他选择了，都必须站直了去承担。

愤怒从来都不会没有原因，但没有一个是好原因。别以为只要发脾气和卖惨，世界就会弯下腰迁就你的美梦，这都是没用的。只有小孩子才赌气，成年人是解决问题。

一

真的没有谁的二十几岁是轻轻松松度过的，也没有谁的工作是不委屈的。

我们常常艳羡或畏惧于办公室里那个来去如风、懂得杀伐决断的女强人，却也忘了去问，她是如何一步步走到了现在的。

Ada 在一家连锁咖啡店工作，她经历过所有职场小白都曾遇到的新人期，每天早早到店里收拾卫生，帮出差学习的同事订机票，给每周的例会准备场地和投影设备等，季度分享课也很少能轮到她去听课。经常帮同事代班，有时忙得自己顾不上吃饭。

店内每个月都会进口一批新的咖啡豆，Ada 和物流沟通稳妥后，会提前两天贴出广告。可这次偏偏物流那边出了问题，第二天咖啡豆没有按时到店。但宣传广告早已贴出，已经有顾客早早来店里想品尝新品。

没办法 Ada 只能告知顾客新品延迟上架。老板怒气冲冲地来店里，把 Ada 叫进办公室，黑着脸咆哮着质问为什么会出现这样的情况。Ada 试图解释自己确实已经跟送货方敲定好了时间，是物流那边出了问题。老板粗暴地打断了她的话："只知道从别人身上找借口，就不知道从自己的身上找找原因。"

中午休息的空当，Ada 一个人躲在卫生间偷偷流眼泪，却听见外面传来店长的声音。店长跟同事说，Ada 平时做事不认真，好几次把客人的饮品调错，几款热门咖啡的调配比例到现在还是记不住。

如果不是亲耳听到，Ada 无论如何也不敢相信那个一直对她照顾有加、耐心教她业务的店长会在背后这样议论她。等外面没有声音后，她擦了擦眼泪，回到前台继续为顾客点餐。仿佛就一天的时间，她就成了整个店内最笨、最不用心，做事最差劲的人。

职场和生活如同一个巨大的竞技场，它不分男女，只分强弱。

一

那时候，有朋友建议 Ada 换个环境试试，这家咖啡店体制严格，想晋升很难，而且还可以借机离开这些欺负她的人。但她没有。她说了一句我至今都记忆深刻的话。她说：“如果我自己不强大，无论逃离到世界的哪个角落，都会遇见坏人。”

如今，Ada 已经在这家店工作了三年，第二年的时候被调去臻选店，转年初升为臻选店的店长。这三年，她还是会犯错，也有很多次被骂得狗血淋头，但 Ada 说她学会了不再抱怨老板太苛刻、同事太无情、世界太丑陋。相反，她努力把它们都变成前进的动力。她将所有饮品的调配比例烂熟于心，工作笔记记了一本又一本，只要有进修的机会就会自费去学习。

在刚刚升职的时候，公司里风言风语，说她和老板一定有不正当关系，公司之前可从来没有过工作两年就调去臻选店的员工。偏巧半年后她又晋升为店长，这回谣言就更像真的了。可她不曾反驳一句，每天打扮得干净得体，工作比谁都用心，她负责的门店业绩一直领先国内所有门店。慢慢的，那些在背后议论她的人，见到她的时候换了笑脸，一口一声“姐”和“店长”地叫着。

那时候 Ada 如果在困难和流言面前稍稍弯了脊梁、稍稍示弱，状况会好吗?

明白告诉你，不会，那些人只会变本加厉。从她身上，我明白了一个道理——强者都在默默翻盘，弱者才会乞求放过。你弱的时候，别人的闲话最多。你看，社会多现实，但谁也无权责怪它的丑陋。在经历无数次跌跌撞撞之后，只有一个真相，那就是当你很弱的时候，全世界的坏人都会成群结队来找你。

这世上有些势利是隐性的。

人们赞赏强者的偶尔心软，却把弱者的善良当成软弱。有一个非常奇怪的现象，你越是强悍，越是威严，别人越是肯对你说真话，对你用真心。可当你弱小的时候，你对世界发出的每一个信号都会收到讽刺的回声。

二

我在微博上看过这样一段话：找到一份体面的工作后，那些说着“没有背景的小姑娘出去容易学坏”的人不见了；经济条件改善后，那些说着“都这么不容易了，怎么还不找男朋友啊”的人不见了；换了好的居住环境后，那些说着“这么便宜的房租你还要天天洗澡”的人也不见了。

如何把握分寸，如何据理力争，如何见好就收，如何明哲保身，如何及时撤退，这些是所有教科书都不会提及的内容。

如果你饱受世界非议，就去为自己做点事，越是艰难的时刻，越不能低头。千万别相信你惨的时候，别人会因为可怜你而闭嘴。

弱者祈求，强者自救。弱，不该是你自怨自艾的资本，而应该是你变强的动力，你因为它多了一份去闯一闯、去拼一拼、去改变命运的机会。当你又弱又没本事的时候，世界是没有公平可言的。

现实永远是讲究效率和结果的，有时候这样确实显得有些冷酷无情，但那有什么办法呢，不妨先做出点成绩，然后再去强调你的感受，否则那些叽叽歪歪怎么看都是矫情。

无论是被误解、被责怪，还是真的曾经犯了错，辩解都是最没用的办法。世界从来不同情弱者，只有自己撑着自己熬过来，才能彻底洗白。

潜意识自卑

人都是
在经历一些事情后，
才悄悄换一种性格

这世界有太多人在自卑和自信的边界徘徊。
无论一个人看起来有多优秀，
在心里多少都会有那么个小念头：觉得自己不够完美。

大部分人的小时候都是在飞镖雨里踉跄活着，
有的运气差一些，被射中要害，阴影更深一些；
有的运气好点，躲过一劫，
长大了回头想想，还心有余悸。

当一个人忽视了自己的价值，自然就会过分看重他人在自己生命里的来和去。于是，孤独不再美好，失去了一个人，你便惶恐不安。

贝贝比我大几岁，是家长口中“别人家的孩子”。从少年到成年这漫长的时间里，她一直是我最想成为的那种女生。

贝贝在电视台工作，工作这几年从助理到策划再到节目负责人，一路升职。我大概这辈子也忘不了，有次我去电视台一楼大厅等她下班，贝贝从电梯里走出来，口红颜色是不落俗的梅调，淡蓝色包包在她的手里晃呀晃，米色风衣被一阵风吹起，露出她纤细的小腿。

我心里想，这是哪里的仙女偷偷下了凡？

无论是工作日还是休息日，贝贝都坚持规律的作息时间。每天早上 5 点半起床，点开音乐，给自己准备丰盛的早餐，利用刷牙的几分钟做深蹲动作。晚餐用蔬菜、水果代替主食，慢跑 5 公里，睡前读几页纸质书。从卧室香到车载香，贝贝会用干爽轻柔的沙龙香代替甜腻腻的花果香。

贝贝的衣品更是出类拔萃，在我还穿背带裤、蓬蓬裙的时候，她就很懂真丝衬衫的美感，飘逸到脚踝的长裙透着轻熟的性感。她极少追潮流买衣服，只在固定几个品牌里挑选。她的梳妆台上有一个饰品架子，饰品不多，但每件都是值得珍藏的精品，而且她总能搭配得恰到好处。

我的第一条 MiuMiu 的裙子就是贝贝送的，她说剪裁精良可以更好地衬托腰身。那条裙子至今还是我的心头爱，没事就要轻轻摸一摸裙摆的那种喜爱。

当然，她的生活被很多人贴上“做作”“矫情”的标签，不过对于这些，那时候的贝贝根本就不在意，她依旧照着自己的节奏生活。

但最让人羡慕的，还是贝贝有一个和她极为般配的男朋友。两个人算得上是势均力敌，互懂彼此。事业上互相介绍资源，下了班一起看纪录片，周末一起出去采风，即使宅在家，两人也会一起做手工饼干，拍成视频放到博客分享。两人之间送礼物，都是黑胶唱片、复古录音机、科技家居什么的。那时我就想，以后能活成贝贝的样子，就算是人生赢家了吧。

总有那么一些人，永远自带滤镜，光环加身，是你生活的范本，是你相信人间美好的证据，是你愿意硬着头皮想要走到未来看看的动力。总幻想着有一天，你也能领到幸运牌，翻拍他们的人生。

二

电影里情节起伏，高潮迭转，生活同样如此。

在贝贝 31 岁那年，她经历了两次“落选”：一次是节目出了问题，导致贝贝错过了升职机会；另一次是我们收到了她男朋友的结婚请帖，新娘不是贝贝，而是一个扎着蝴蝶结马尾的女孩儿。

按理说，像贝贝这么自带主角光环的女孩，不应该会被挫伤自信心。可这一次出乎所有人意料，贝贝就此像换了一个人。在和朋友碰面时，贝贝总是问一个问题：为什么不是我？

真的有那么一些不算真朋友的朋友，摆出一副旁观者清的样子，头头是道说上几句，比如“你这么要强，时间长了男人自然会疏远你”“你平时的生活是有点矫情，过起日子是不行的”，再比如“听说和他结婚的小姑娘才20岁出头，可能岁月不饶人吧”……

听多了这些鬼话之后，贝贝就真的信了，生活开始像老房子的墙皮一样，一片片斑驳掉落。

当我站在她家门口，看见一屋子散落的啤酒罐和外卖盒，我不敢相信这是贝贝的家，更不能接受那个眼睛红肿邋里邋遢的女人，是我曾经的人生理想参照。

陪伴贝贝的那段时间里，我也会陪她从小酌变大醉。贝贝像所有小女生一样，抱着手机从微信到微博再到Instagram，不停搜寻前任的未婚妻的信息。酒精侵入大脑时，贝贝说：“是我不够可爱吧，没能给他带去甜蜜。我把太多时间给了工作，女强人怎么会被人爱呢？”我抱着她，心疼又难过。

大概过了两个月，贝贝逐渐投入到工作中。可是在一些细枝末节处，总感觉她像是改变了。没有从前走路带风，眼睛一眨都是星星的模样，而是多了一点不自信和小心翼翼。

有些人在经历了一些事情之后，真的会悄悄换了一种性格。

一

一个人安静下来的时候我也会想，有一天自己也会这样吗？一步步走过来，用时间、金钱、学识、见识和爱构建起来的自己，真的会被一次职场失意、一次感情危机摧毁吗？想来想去，还是觉得凭什么啊？

我发现，阻止我们喜欢自己的，往往是来自外界的声音，并非我们天生不懂尊重和爱护自己。

到底该怎样面对生活中的恶评？这是我们每个人都要学习的课题。

针没有扎到自己身上的时候，谁都能轻飘飘地甩几句鸡汤。可当事情发生在自己头上，所有道理都不存在了，只剩看不见底的自我怀疑。可越是这种关头，我们不是越应该让灵魂和皮囊并肩作战吗？

我们跌跌撞撞生活了这么久，难道因为别人一句点评、质疑，就要推翻过去的自己？别说我们了，就连国际超级巨星，每天都会遇到很多黑粉的攻击。觉得自己站在道德至高点，自己三观最正，活法最值得学习的人简直不要太多，可是我们干吗要相信他们说的话呢。

凭什么别人说你生活方式矫情，你就放弃精致的生活态度，变得邋遢随意；凭什么别人说你是工作狂，你就要转移注意力；凭什么别人说你不行，你就真觉得是自己不够好，不值得被爱？

那些我们读过的书，保持了那么久的好身材，睡前读一篇英文故事的习惯，花了很多冤枉钱培养出的衣品，都是为了成就自己而存在的，并不是为了任何人。

你我她，谁没做过别人倒数第二个恋人？谁没在选择题里败下来过？谁不是在各种“你不行”“你不好”“你不被爱”的攻击中长大？这些攻击可能还会来自你最亲最爱的人。自卑感人人都有，没有深夜痛哭过的人，哪有资格说人生。

每个人的生活都在被别人审视着，尤其是女孩子，样貌身材，智商情商，爱情婚姻，永远有人指手画脚，永远都有人在质疑、在否定。然而，你是有多不爱自己，才会相信别人攻击你时说的话？

在独自行走的时间里，就好好爱着自己，活成想活成的样子，千万别怀疑哪一步走错了，正是那些东西支撑着你，成就今天的你。就这样独自发着光，明亮也好，暗淡也罢，等待下一个对的人出现。

—

我看过一个问卷调查显示，60% 的人觉得阻碍成功最大的障碍不是不努力，也不是不勤奋，更不是不聪明，而是——自我怀疑。

什么才叫放过自己？

我究竟应不应该相信自己？

我厌恶我自己，也厌恶现在的生活，我该怎么办？

这个世界上很多东西都会慢慢消失，脸蛋、身材、金钱、权势，唯有对于生活不计回报的热爱不会朽坏。别怕，也别怂，生活就是这样，没有遇到点险恶，你不会长大。你想要的，如果老天不给你，你只有努力去争取，才能不辜负爱你的人，不辜负你自己。

不要沮丧，不必惊慌，做努力爬的蜗牛或坚持飞的笨鸟。

不去向神佛祈祷赐予好运，只在最平凡的生活里努力，才有机会在未来的某一天，站在最亮的地方，活成自己曾经渴望的模样。

希望以后你回想起曾经勇敢又带着些许傻气的自己，是热泪盈眶的，是能够被温柔对待的，而不是“我本可以……”。

希望你的笑容都是发自内心的，希望你做的都是自己热爱的事。我非常认同这样的一句话：“真正属于你的东西，是不需要用痛苦来坚持的”。

这并不意味着过程中不会出现痛苦，而是无论多么难，多么累，你咬着牙做完之后都会获得巨大的满足，是那份满足和成就感在支撑你前行，而不是痛苦本身。

写到最后，有个小小的感叹。

几乎每个人都经历过家人的、老师的、朋友的语言上的攻击或者冷暴力。被直接奚落蠢、丑、胖，被随意贴标签，被无辜讨厌，被莫名驯化，被一次次拎着和别人比较。真的追究下来，每个人都能写一本被伤害史吧？

大部分人的小时候都是在飞镖雨里踉跄活着，有的运气差一些，被射中要害，阴影更深一些；有的运气好一点，躲过一劫，长大了回头想想，还心有余悸。

“不要相信
成功的人都是
孤独的，

好像失败了
就有多热闹似的。”

持续性沮丧

你总说自己很累，

可谁又活得

顺风顺水

这世界对成年人的要求很高，不仅是标准高，花样还多。

不管你是有怎样优点的人，世界都能给你挑出刺儿来。

这个世界上不只你一个人有低谷期。

每个人都有自身的局限，

在漫长的人生长河里，老天不会饶过谁，

每个人都要被迫经受不同的挫折和伤痛。

不信你去知乎里或者情感博主的评论里看看，

每一条苦都够我们怀疑人生的。

人生很多时候不是故事，

而是一个个的事故。

不过命运大多如此，但如果这样都没有弄死你，

那它就会把你带到更暖、更明亮的地方去。

你有没有发现，运势永远是动态的，是有周期性的。顶峰未必人人都登上去过，但低潮谁都有过。学业受挫，职场碰壁，爱情受伤，四面楚歌。

在生活的暴击下，永远比的是谁更抗揍。

周末晚上和朋友看完电影出来觉得口渴，咕咚咕咚喝完一罐的那种渴，所以很想喝冰冻的碳酸饮料。

两人沿路找便利店，路过一家居酒屋，有一个女孩坐在台阶上一边小声哭一边拿着手机说："没关系，我没事。"她的手提包大敞着，钥匙、银行卡、零钱、口红散落一地。

我低声问朋友："一个女孩子太不安全了，要不要报警？"

朋友笑笑："成年人了，谁心里还没点事，估计就是难过一下。"

等我买好饮料原路走回来的时候，那个女孩已经离开了。其实我多买了一罐冰饮料，原本想递给她一罐，和她一起坐在台阶上。

大概每个人都有过失恋、失业的经历吧？躲在家里喝得烂醉如泥，也或许整整哭了一个月，像个傻子一样不断地自我怀疑，为什么那个人不喜欢我了，为什么那个公司不要我了，为什么生活好像只跟我开玩笑。找不到出口，蜷缩着身体，很冷很冷。不知道还要熬多久，不知道还可以坚持多久。

像有人拿着刀子在你的心上恶狠狠地划了几下，没有人知道你会有多疼，你只要想起来就会颤抖。那个阶段你或许每一天都过得浑浑噩噩，失去了那些人，失去了那些事，就好像失去了整个世界。

直到有一天，你看到他在微博上晒了一张新女朋友的照片，也发现身边的好朋友们都过得很好，你突然发现在这段时间里，给了自己太多太多的内心戏，将自己折磨得痛不欲生，而其他人的生活都在按部就班地向前走着，自始至终就只有你一个人还停留在原地。

痛了后你才明白，眼泪解决不了问题，懦弱交换不来同情。上天从来都没许诺过，长大以后的路会比前面好走一点。

16 岁的时候，你所关心的不过是跟同桌闹了别扭要怎么和解，月考成绩又下滑了三名如何跟父母交差。18 岁的时候，困扰你的无非是高考成绩，要上哪一所大学，学校的口碑如何，舍友是否好相处。25 岁的时候，你替同事背了黑锅有口难言，刚步入职场的不适与茫然让你发愁。27 岁的你暗恋同一座写字楼上班的男神，可接触了才发现对方是个花心渣男。30 岁的时候，你为三姑六婆逢年过节的逼婚不胜其烦，赌气在大年夜将自己锁进书房，觉得这就已经是人生至苦了，可你从来没想过，接下来的人生，偏偏就更艰难。

这个世界上不只你一个人有低谷期。每个人都有自身的局限，在漫长的人生长河里，老天不会饶过谁，每个人都要被迫经受不同的挫折和伤痛。不信你去知乎里或者情感博主的评论里看看，每一条苦都够我们怀疑人生的。

命运总是变着法子去考验一个人，它总会挑一个时间段，把你丢在一个冰冷的、氧气稀薄的地方，让你不得不拼命地大口大口呼吸。感觉整个人蔫了、丧了，不想哭也不想倾诉。好像脑子生了锈，手脚罢了工。倒霉起来连喝凉水都塞牙，可是生活又有什么胜利可言，不过是挺住意味着一切。所有的成长都很痛。成长不仅痛，还鲜血淋淋，因为成长注定是一场自我的摸爬滚打。

人生很多时候不是故事，而是一个个的事故。不过命运大多如此，但如果这样都没有弄死你，那它就会把你带到更暖、更明亮的地方去。

在这个不知所措的年纪，一切都那么不尽如人意。于是我们会领教世界是何等凶猛，如果你现在过得不是那么顺心，那么恭喜你，或许你正走在人生的上坡路上。

一

简溪刚去深圳的第二个月，母亲和姐姐在老家因为车祸离世。她请了三天的假，处理了家里的事，把年迈的父亲接到自己身边同住。上班后依旧认认真真做好手头的工作，虽然经常看她眼睛红红的，午餐吃得不多，一个人在天台发呆，却没在工作时间里流露出一点悲伤的情绪。

有次简溪因为少复印了一份文件而被部门老大当众责骂，有同事想把她家里的情况告诉老大，却被简溪拦下了。她使劲憋着眼泪，翻出粉饼和口红想要补妆，说："我家里的事与工作无关，是我的疏忽导致了工作的纰漏，这是两件事。"

那段时间，简溪在深夜发过一条朋友圈：生活已经一团糟了，我不能让工作也沦陷。

后来，简溪顺利转正，几年时间成了公司最年轻的大区经理。身边总有人说她运气好，可我们知道，她才不是靠运气，她对痛苦的忍耐力和清醒程度，是很多人不可企及的。

在最难过的日子里，她没有卖惨，更没有以自己的不幸来为自己做挡箭牌。简溪明白，不管自己是哭天抢地还是痛苦堕落，已经发生的事就是发生了。难的是如何走出这段黑暗，不放纵自己陷入更深的黑暗。只有这样，生活才能一点点好起来。

别人的怜悯从来就没有真正的疗愈作用，还难免带着少许嫌弃的敷衍。破碎的生活，要靠你自己一片片拾起拼凑完整。

前段时间，网上流行一个段子：不要大声责骂年轻人，他们会立刻辞职；但你可以往死里骂那些中年人，尤其是有房贷车贷有孩子要养的那些人。

有无数次，我身边的人，包括我自己，都会有被生活压迫到想要灵魂出窍的感觉。面对做不完的 PPT 和改不完的方案，甚至要面对一些内心非常不屑但又必须去面对的人与人之间的斗争。很多次，我们都会忍不住在心里咆哮：去你的，这不是我要的人生啊！

当我们年纪还小的时候，哪个不曾怀揣英雄梦想。但是日复一日，时间会说真话，别说当英雄，生活中那么多不甘和苟且就会把我们折腾得腿脚瘫软。

人活着，本来就是要在各种无可奈何的状态里挣扎。没能成为小时候想成为的那种人，这是大多数人的无能为力。可是，我们的人生，不是为了全身而退而来的。

痛哭买醉还是及时止损？逃之夭夭还是负重前行？自暴自弃还是咬紧牙关站起身来？到了一定年纪，这些问题你再也绕不过去。

决定人一生走势的，往往并不是那些稀松平常的时刻，而是在最痛苦的时候，你如何选择。做出那些选择之后，你就选择了自己的一生。

现在有个词叫“抗逆力”，说的就是一个人处于困难、挫折、失败的逆境时的心理调节和积极应对的综合能力。我一直认为抗逆力也需要正确的打开方式，绝不是无脑死磕硬撑，而是需要我们提高自己的韧性和耐力。

我们不该再是一颗很硬的钉子，而要像一根橡皮筋，懂得在需要时及时发力，也明白在受创时及时止损。

电影《再见，不联络》中有这样的一句台词：人生中有许多个十年，但如果刚好是 18 岁到 28 岁，那就是一辈子了。

如果只能送你一个祝福，那我希望你别在最好的年纪，在痛苦面前束手就擒。

你对别人的爱，在别人眼里像是病

仓鼠鼓着腮帮子来到医院，
龙猫医生说：“上火了吗？开点药吧。”
“不，不是的，我给你送点吃的来。”
有时候就是这样，你对别人的爱，在别人眼里像是病。

有些人的关系，不是不喜欢了，
而是“算了”，是除了结束也没有别的办法了。

从前以为，我们之间如果没有车，
我就走过去、跑过去，慢一点、曲折一点都没有关系。
后来才发现，我们之间根本就没有别的路。

你喝醉时想起的那个人，基本上是不会来接你的。

安慰也好，鸡汤也罢，在最后说不通的时候，我们就说：算了，是自己上辈子欠了他的。你爱的人不那么爱你，而深深爱着你的人，你又不太理会。

我的一个朋友，就是在这样的夹缝中生存的。他真心爱着的那个人，总是被另一个人伤得片甲不留，于是他常常去充当暖水宝、创可贴、应急灯，以及免费厨师兼免费司机，但对方不但毫无感激，还经常放些伤人的狠话。他受不住了，就去找深爱他的人，拿那个人当暖水宝、创可贴、应急灯，真是冤冤相报何时了啊。

有一天在烧烤摊，他喝得有点多，说："我的人生理想，是两情相悦。"随后趴在桌子上呼呼大睡。我们几个互相看了一眼，一起叹了口气。

我的大部分读者是女孩子，留言里问到最多的就是感情问题。不知道你们有没有想过，为什么遇见渣男的总是你？

或许并不仅仅是因为运气不好，还有一个重要的原因，是不是你本身纵容了男生"渣"这个特质？

大学时，米粒住在我们隔壁宿舍，很巧毕业后我们在同一座城市工作。

她在我眼里一直是萌萌的明朗少女，笑起来有两个迷人的梨涡。工作和生活遇到什么开心的事情，会发大段的微信跟我分享。

上个月的一天，我窝在家看美剧时接到米粒的电话。她说想来我家，我给她发了定位，准备下楼买点水果，顺便去地铁站接她。

许久未见，当真想念，我抱着一袋子她爱吃的香梨等她。没想到的是，米粒出地铁站一见到我，不顾周围人异样的眼光，跑过来抱住我，然后开始像受伤的小孩子一样，呜呜咽咽地哭了起来。

我吓蒙了，只好一动不动地站着，等到她抽泣渐渐平息下来，才拉着她回家，给她煮了一碗热汤面。看着她把头埋在热腾腾的面碗里，一边吃一边无声无息地掉眼泪，我心里松了一口气，还好，不管发生了什么事，至少她还能大口吃东西，就还有救。

吃完后，米粒嘴巴一抹，说："走，唱K去。"到了KTV，她就开启了"麦霸模式"。一首接着一首，都是苦到心尖儿的苦情歌。

"抱一抱，就当作从没有在一起……"

"不想再让眼泪流下，却一遍遍滑过伤疤……"

"没有人在意我，我一个人的角落，等待中受折磨……"

唱到最后，她终于哽咽不止，停了下来，看着屏幕发呆了10分钟。原来她终于还是跟那个纠缠了两年的Daniel分手了。

倒也不稀奇，有些人分手像出狱，有些人分手像挂号入院。

米粒和 Daniel 是在摄影兴趣小组认识的，她对他一见钟情。那天大家一起出去采风，她看到他的白衬衫被风吹得鼓鼓的，他低着头调试镜头，温柔、专注。

从此之后，她的眼睛里再也容不下旁人。她终于体会到了，电视剧《大明宫词》里，上元夜那天，太平公主揭下了薛绍面具之后，那一瞬间，在她眼中就是永恒。

一群人吃喝玩乐，米粒找机会在 Daniel 面前转悠，主动搭讪。此后凡是 Daniel 参加的摄影活动，米粒请假都要陪同参加，还花了半个月的生活费送了 Daniel 一台三脚架。她看他的时候，眼波里都带着温柔和羞涩。然而，Daniel 只跟米粒称兄道弟，唱 KTV 的时候一起飙高音，喝酒的时候拿着大杯子一饮而尽，可以聊好几百页的聊天记录。

但，也仅此而已罢了。

如果将心上人的回复视作一种奖赏，那么等待对方的回复，就是享受不确定性的过程。

周围有人劝米粒："Daniel 摆明了对你没意思，不要花太多时间去感动对你无感的人。"

米粒不听，不屈不挠地继续对 Daniel 围追堵截。3 个月后，Daniel 在一次醉酒后亲吻了米粒，之后便在一起了。

倒追男神这种事也就偶像剧里演起来看着轰轰烈烈，真发生在现实生活中，女孩子单方面扑得太过猛烈，姿态总归不那么好看。

因为自己特别喜欢他，便开始变得小心翼翼，变得更加怯懦，自然而然就落了下风。

没有体会到被男友宠溺也就算了，米粒还迅速转变成了 Daniel 的贴身保姆。他在家叼着烟玩网游，她就将衣衫熨烫平整；他加班忙到深夜，她煲汤送到公司；他出差半个月，她天天来帮他遛狗……即便是这样，Daniel 还是扔下一句：我找到我爱的人了，便转身消失在街角。

米粒问："我做错了吗？哪里做的不够好？为什么他会爱上别人而不是我？"

她爱错了吗？在感情里，从来没有是非对错，只有心甘情愿。她没有爱错吗？不，她错的是，从始至终在这段感情里，她都过于卑微了。

大概年轻的时候，我们都会不计所有去爱一个人吧，觉得两个人之间遇到的所有难堪和挫折，都出于自己给得还不够多，不够好。于是不断地付出，明明知道对方不够爱自己，依旧不回头地往前冲。被冷淡，被忽略，也从不吭声，不反驳，假装所有的拒绝都不存在。

太爱一个人，就会觉得什么都是自己的错。这样的执迷不悟，除了感动自己，落到别人眼里，是无法消受的狂热和不解。

很多时候，迫不及待追着要人接受的东西，往往显得可疑，且不值一提。人们从来都只相信价值定律，认定了稀缺和需要历尽艰难才能得到的东西才更值得拥有。

一

Tina 和前男友是在闺蜜的生日聚会上认识的，那晚人多，两人眼神触电，互加了微信。而后男生频频对 Tina 示好，糖衣炮弹把 Tina 轰炸到晕厥，被突如其来的幸福冲昏了头脑。

一周后两人谈起了恋爱，Tina 没有想过认识短短几天，男生喜欢自己什么，就随便相信了男生那句“我爱你，你就是我在等的人”。

起初两人是很甜蜜，恋爱必备道具鲜花、气球、烛光晚餐样样不落。渐渐的，Tina 发现男友总是背着自己去阳台打电话，一打就是半个钟头，男友说是谈工作。至于到了周末偶尔还会关机玩消失，男友的解释是不小心按了关机键，自己也不知道。

有次趁着男友洗澡的时候，Tina 偷看了一眼他的手机。微信置顶了三个女孩，备注是小可爱、小宝贝和小仙女。自己在哪？估计是凉凉了吧。

被劈腿够扎心了吧，更扎心的是 Tina 竟还打算睁一只眼闭一只眼，包容这次的精神出轨。理由是男友平时一切都很好，对她也很体贴。好吧，这理由还真是让人无法反驳。

接下来的日子，Tina 和男友开启了侦查与反侦查模式，可男友未有半分收敛。直到有一天，Tina 发现男友终于把“小缺点”落到实处，身心统统出轨了。Tina 跟女生撕、跟男友吵，把自己哭成泪人，最后呢，不过就是惨烈地分了手。

渣男装起深情来，真的可以拿影帝。可怕的就在于他喜欢你，但又不仅仅喜欢你。

总有女孩疑惑，他追我的时候真诚热烈、体贴入微，为什么在一起后慢慢变得不走心了？其实，越是热烈，越可能是荷尔蒙所致。

事出反常即为妖，记住这一点。

除了 N 年前中过一回 500 元的体彩外，我几乎不相信能有从天而降的好运。我只觉得当我身上有光芒的时候，才能吸引追光者。

我心里也明白，喜欢是不讲道理和条件的，跟其他一切都没有关系。大概是年纪大了吧，这些年再遇到男孩，已不敢去想自己会被谁无缘无故、无条件地喜欢了。于是会问“你喜欢我什么”这种傻话，甚至每隔一段时间就要问一次来确认，我需要知道自己为什么被喜欢，才能安心。

你如果在马路上碰到一个笑盈盈的陌生人送给你一颗糖，你会选择吃吗？应该会警惕地拒绝，然后赶紧离开吧。

可是为什么一个陌生人给你一份爱，你就忘记了警惕，而是全盘接受呢？知乎上有一句话：女孩们都喜欢会哄她们的男孩子，可是“哄骗”二字本就是一体的，她们怎么会相信男孩子只会哄不会骗呢？

无缘无故的爱太稀有，当你遇到一个凭空掉下来的白马王子，千万别以为是丘比特派发给你的。首先要做的，就是先看清楚他手里拿的是水晶鞋还是毒苹果。

一

敏敏在喜欢物理系男孩的时候，男孩确实单身，但也是全校出了名的“暖男”，不知多少学姐学妹为其流过眼泪。敏敏也知道这样的人不应该去喜欢，她也控制过自己与他保持距离，但让我们始料未及的是，物理系男孩竟然隔三岔五来约敏敏。

“周六去看电影吧，我期待很久的片子上映了。”

“一起去酒吧喝一杯吧，我有点烦心事只想说给你听。”

“快期末考了，明天开始一起去图书馆吧。”

“你眼光好，陪我去买裤子吧。”

……

偶尔周围也有人起哄：“你们两个是不是谈恋爱了？”物理系男孩则立刻回复道：“这是我妹妹，你们别乱说。”

校庆活动时，男孩代表院系演出节目，演完下台后径直朝敏敏走了过来，并把花递给她，“这么好看的花，在你手里才配。”这种男孩子在大庭广众下朝你走来的心动，这种撩姑娘100分的操作，有几个女孩子抵挡得了呢？还有一次大家一起聊天，讲到理想伴侣，男孩一把搂过敏敏：“结婚当然要找敏敏这样温柔懂事的姑娘啊。”

可每每有人问起他俩的关系，男孩仍然就一个答案“妹妹”。

什么是妹妹？还不是打着兄妹旗号的备胎罢了。他享受有妹妹在身边的陪伴，却不必对她的感情负一点责任。

这样的男孩，分明是在利用你来给自己排遣寂寞，你却天真地以为他心里有你。明知道自己是备胎，还不肯走出来，贪恋那点所谓甜蜜的暧昧，真的太傻了。

你以为再多几句关怀，再多几次见缝插针的投怀送抱，他就会和女朋友一刀两断，将你从N个备胎中挑出扶正，从此一心一意爱你？你以为再努力一点，再坚持几天，他就会懂得还是你最好、最完美？可当对方抽身离去没有半点不舍时，你已经耗尽了全身力气。

他只是在你生活中打了个擦边球，而你却切实地构想过正手扣杀的那一刻。

为了爱情飞蛾扑火不行吗？

当然行。我一直都相信爱情的伟大，直让人生死相许。可是，自我保护意识还是要有的吧，你扑火之前能不能先擦亮眼睛呢？

一个人喜不喜欢你，有没有用心，其实是可以感受得到的。喜欢是一种特别的情感，强度和浓度都不同于其他关系。别假装感觉不到，别习惯欺骗自己，更别被那一点点轻飘飘的暧昧蒙了心。

你抱着无限的期待，以为备胎最后终能成真爱，世界承认等待和守候。可实际上，备胎就是备胎，对方随便一个转身，就可以给你没日没夜的等待一个交代。

他不认真，你又何必当真。

–

上面故事里的男孩算是渣男吗？

答案是肯定的。可你想过吗？也许换个恋爱对象，他们可能立马变成 24 孝全能男友。

把自己放得太低，以为睁一只眼闭一只眼这样的隐忍退让和委曲求全，就能换来爱人的一心一意。可事实上，单方面的付出和退让并不能让两个人的这场戏好看又圆满。

女孩容易天真地以为，卑微可以获取怜惜。人性如此复杂，你如何确定对方是懂得珍惜你付出的人？对大多数不成熟的男孩来说，你姿态放低会让他们自然地把自己放在被爱的位置，而吝于给出半点真心。

你可以喜欢上一个不够完美的男孩，也可以原谅他犯的错，但如果你不纠正渣男，遇到渣男的就总是你。

垃圾食品总是让人戒不掉，正如人渣总有种莫名的魅力。渣男，都是好姑娘给惯出来的。如果你没有底线，他当然就毫无顾忌，一路坏下去。

你可能会问：“那是不是从此不能谈恋爱了？”

当然不，我想有一天，你会戒掉垃圾食品里的添加剂和各种色素，爱上健康可口的美食。还有很多捧着一颗滚烫真心的人等你去爱。

面对爱情，我看过一段很妙的话，想分享给你们：我只不过是为了储存足够的爱意，足够的温柔和狡猾，以防万一醒来就遇见你。

我只不过是为了储存足够的骄傲，足够的孤独和冷漠，以防万一醒来你已离去。

二

喜欢一个人要不要付出呢？

当然要，但不要认为他会因为你的付出而爱上你，不要一边付出成瘾，一边怀着他会珍惜你的侥幸。希望你能明白，感情这事，单方面投入真的起不到什么作用。

想起朋友妮妮的一件事。

妮妮和几个小姐妹准备去港澳玩一次，在朋友圈随口问了一句“求去过港澳的小伙伴推荐好吃好玩的地方”。真的是随口问，发完那条朋友圈她就陪妈妈逛超市去了，没放在心上。

结果当天晚上，一个男生把旅游攻略做出来发给了她。

攻略是用手账APP做的，几张长图精细至极。有哪些是网红打卡的景点，景点周围哪家店的东西好吃，招牌菜是什么，后面附的价格标注等一个不落。从这个景点到那个景点怎么坐车最省时省力，哪家酒店价格合理又干净，提前预约哪个楼层朝向可以看维多利亚港的夜景，等等，那个男生全都排出来了。

妮妮说：“攻略太详细了，你是去玩过吧？”男生说：“没有，我上网找了很多攻略，又问了一些朋友，把最合理的部分整理出来发给你了。”

妮妮受宠若惊，跟我们说起的时候重复了几遍“你们看，多好的朋友呀”。但在我听来，完全不是这样的。

这男生太像以前的我了。我念大学的时候喜欢一个男生，可以为他做任何一件麻烦的事。那时候男生和他的室友会集体去网吧打游戏，下课后我会去买他爱吃的晚餐，打包好给他带去网吧，有时还会把水果洗干净一起带去。我不喜欢网吧烟雾缭绕的环境，可是怎么办呢，我喜欢的人在那儿，讨厌的烟味似乎就可以忍了。

冬天的时候，我买了几团白色的软绵的线给他织围巾。一针一线，织错了要拆开重新弄，反反复复一个月才织好，然后欢欢喜喜送去他的学校给他，看见他收下都会好开心。

这么轻微的、被动的接纳，我都当作我们可能会相爱的佐证。

那时候的我心里害怕他不需要我，所以才努力为他做很多事，感觉只要他需要我对他好，那我在他身边就有存在的理由。

很久以后我才懂，一个人需要你，只能说明你对他来说是有用的，这跟爱无关，如果换一个可以提供同等价值的人，他也同样不会拒绝。可爱不是，爱是哪怕你不能给予他任何东西，他也还是喜欢你，你能为他做什么，从来不是相爱的标准之一。

暧昧这事吧，其实是挺浪漫的。

如果有人能做到持续暧昧下去也挺厉害。但恋爱本身就像一株植物，发芽开花结果枯萎。循环往复。我们得接受暧昧的消亡和冗长的平静。

如果只是为了追求最开始的刺激、新鲜感和自我优越感，那无论换多少人，都是在把同一件事情重复很多遍而已。时间一长，浪费的是自己的情感成本。

在感情中只求付出不求回报的，往往最后都能如愿以偿，得不到任何回报。因为被需要不等于被爱，你有价值和可以爱你，分明是两码事。

真心错付不是倒霉，也不是可怜。不管你爱上谁，都不要在交往过程中忽视了自己的内心，忽视了自己在这段爱情当中是否真的获得了快乐。

你的真心很珍贵，要留给那个对的人。暧昧能否修成正果，看缘分看造化，看你们两个人的心意。不要怀疑爱情，有问题的是人，不是爱情。

拖延顽疾

轮到你奔跑时，
请别
原地踏步

你对他宣战：“拖延症，我要杀了你！”

拖延症提议道：“明天行吗？”

你想了想说：“行。”

拖延是时代病中的“黑户”，

口头禅是：再给我五分钟。

长期懒惰且丧，偶尔积极向上。

懒，是导致拖延最大的原因，

早晚躺在床上是高发期，主要作案工具是手机。

宇宙不爆炸，床都不会下，地球不重启，我就不早起，

打起精神 3 分钟就能做完的事，

光是“打起精神”就要花上 3 个小时。

一个人智商普通其实没有多么可怕，怕就怕你不够聪明就算了，还懒还矫情，还喜欢作秀，那真的不得不提醒你，你的病，有点儿顽固。

公司人事部招聘进一位新人，人美嘴甜，同事对她印象都很好。可是才过了两周，就听有同事说："这姑娘简历里明明写了'熟练操作办公软件'，还有计算机二级资格证，怎么连个 PPT 都做得一团糟，现在大学生太不靠谱了。"

事情是这样的，同部门的同事交给她一份下半年部门工作计划，让她做成 PPT 文件，下周开会要用到。本想给她的时间充足，没什么可担心的。等到过了一周开会的前一天，她交了"作业"，据她说是熬了几个晚上做出来的。

当同事打开这份"用心"的 PPT 时，差点不敢相信自己的眼睛。明明是一份严肃的部门工作计划表格，空白处却填充了粉色，右下角还配了一个卡通人物，通篇还有多处错别字。这怎么看都像是幼儿园的宣传广告。没办法，同事只好自己连夜重新做了一份。

实习期刚过，她就被人事部解雇了。那天晚上，她发邮件给我写道：姐姐，这是我毕业后的第一份工作，没想到被要求离职了，心里好难过。我真的很努力，每天都是第一个到公司打卡签到，做不完的工作带回家熬夜做。为什么公司要辞退这么努力的我呢？

我回复说：你确实是每天第一个到公司的，可是整个上午你的电脑页面不是微博就是购物。上次如果不是 ×× 替你重新做了一份 PPT 报告，我们部门第二天就会成为全公司的笑话。你说你很努力，但是努力的结果呢？你总要让人看到，不是吗？

努力和装模作样是两回事，没有走心、没有目标和方向的努力，真的更像是一种表演。所谓的不迟到、熬夜加班，很多时候只是在假装努力感动自己罢了。

生活远比你想象的要精明，它既敏锐，又有心机。如果你不是诚心诚意对待它，它立刻就能识破。但它不会马上拆穿你，而是佯装出好脸色，陪你继续出演“很忙，很努力”的肥皂剧。

等到你的青春所剩无几，好运被消耗殆尽时，它就会露出刻薄尖酸的脸，生生戳着你的脑门，向世人大喊：“看，这个失败者！”

假装努力的人没有标准和尺度，只有姿态，以为姿态的本身是努力；假装努力的人眼光只盯着眼前一米，根本无暇看到别人的高明；假装努力的人没有审美，就像习惯了买地摊货的人，时间久了，已经不知道高级是什么感受。

所有的不思进取，都披着“我很努力”的外衣，故作姿态的事早晚会

露出马脚。现实是残酷的，时间花在了哪里，究竟是努力还是虚张声势，最后都能看得见。

一

Kitty 在我们的印象里“如果不在学习摄影，就是在去学习英文的路上”，看她的朋友圈转发的链接基本都是跟学习有关的，每周六固定加班一天“今天提前做好了下周工作计划，真好”“加班出来看到好月色，也算生活赏糖了”，偶尔再发几条“再不努力我们就老了”“不要在最该奋斗的年纪选择安逸”这样的鸡汤。

但奇怪的是，她好像一直很努力，但到了月底考核，全组业绩最低的却是她。

后来有一次我跟 Kitty 在一起加班，这才明白了原因。

加班那天早上，Kitty 是第一个到公司的。这一整天，她确实没有离开过公司，可也没有真的在工作。去书架那拍拍照片，玩会手机小游戏，聊会微信，登录购物网站下单一件裙子，等等。

等到了晚上大家准备收工下班，还说要不要小聚一下，毕竟大家加班都很累。Kitty 这时候才开始急了，连忙说自己“不去了不去了”，然后一边悔恨自己又浪费了一天的时光，一边焦头烂额地开始胡乱做 PPT。回家路上，我和 Kitty 一同乘地铁，路上她发了一条朋友圈：“加班加得确实有点晚了，明天还要更努力！”

我扭头看看 Kitty，想起过去的自己有一个阶段也是这个样子。

周五下班时带一堆工作资料回家，在脑子里把自己整个周末都安排得满满的。可到了家，看电影、追剧，抱着可乐薯片和闺蜜聊聊八卦，哪一个都比工作更有吸引力。至于那些资料，周一早上只好怎么背回去的再怎么背回来。

很多时候，我们加的不是班，是自我安慰。

不管是我、Kitty 还是那位实习生，都不是特例，因为在朋友圈里这样的人太多了。

转了一篇励志鸡汤文，就证明自己开始觉醒了；听了一节演讲，就幻想自己成为成功人士的那天了；办了健身卡请了私教，每天去拍照打卡，然后冲澡回家。乍看自我要求真高，井井有条，但每一个立项都不了了之。

这些都是年轻人“假装很努力”的通病在作祟。可实际上，你的假装努力，欺骗的只有你自己。

这所谓的“伪工作”，指的是查收邮件、浏览网页重复做着同一项工作，虽然这类事项与工作有一定的联系，但它们并不能帮助你实现重要的工作目标。同时，在工作时间内虚度光阴，一事无成时，也是一种伪工作的状态。

二

我记得知乎上有人提过这样一个问题：为什么很多人假装每天都很忙、很努力？

底下有人回复：因为羡慕那些很努力、很自律的人，自己也想成为那样的人。可真到了该付出辛苦的时候，心里的天平还是倾向舒适懒散多一点。你难道没发现，真正努力的人反倒越发低调。

我们宿舍之前来过一位考研的学姐，在我们宿舍住了一年。我从来不知道她每天几点出门去自习室，每天晚上几点回宿舍。因为我早上醒来、晚上睡着的时候，她都不在。

后来她顺利考到心仪的大学读研究生，我们在寝室为她庆祝。问她才知道，原来每天早上 4 点她就从宿舍离开了，那时候我们还在呼呼大睡，她会带上书轻轻关上门。而晚上回来的时候，往往夜已深。她说起备考的日子，没有提一个“苦”字，只说很享受备考那个状态，让她觉得每天都在为自己充电，目标清晰地摆在那儿，一步步离它更近。

你看，在那些真正用心努力的人眼里，努力只是一种习惯，一件每天都要做的平常事。他们不会觉得自己做了一整本的练习题是多牛的事，也不认为早起晚睡的自己有多伟大。

当这些在其他人看来很努力的事一点一滴融化进生活之后，会变成习惯，自然就没什么好炫耀的了。

失意的人总是把失败的责任推卸给命运，从来不肯面对真实的自己。既不想付出与回报同等的努力，又想尽可能多地刷存在感和虚无的成就感，那就真的只能靠修饰几张照片，夸大那星星点点的付出来博取别人的关注，以掩盖技能和实力的不足。

过程通常是不具备说服力的，它沉闷、无味、平凡。

偶尔自我鼓励鼓励就好，没必要当作天大的事情自我感动，不要把自己的辛苦看得那么重要。骗自己的时间久了，也会将一些不存在的事误以为真。最终，我们在不知不觉中辜负了自己的生命，同样也辜负了我们自己最好的时光。

“努力”不是一场盛大的舞台表演，而更像一场孤独的奋斗，不需要追光灯一直打在你身上，也不需要那么多的人站在台下为你鼓掌。

叽叽喳喳吵嚷着要加油的人往往会把事情搞砸，而那些真正努力的人可能什么都没说，只是低头默默把所有事都做好了。

给自己一个完整的交代，给别人一个惊艳的结果，成就感远大于长篇赘述后的自我感动。

积极废人是指那些尽管心态积极向上，行动却宛如废物，往往会在间歇性享乐后恐慌，时常为自己的懒惰自责的一群人。听起来莫名心酸，有人辩驳说，积极废人不是懒，只是太弱。但真正用力生活时你就会发现：一时犯懒不可怕，可怕的是假装努力。

一直觉得“努力”是很鸡汤的话题，毕竟呼喊“我们很年轻啊，要努力”的人太多太多，以至于我们仅仅被自己的声音感动，而在呼喊戛然而止的时候显得无所适从。

更何况，假装努力这事其实特别亏。你想，努力的时候你没努力，到了玩耍的时间又没办法踏踏实实地玩，心悬在那里。该学习的没学到，玩又玩不痛快。

永远不要用战术上的勤奋，去掩饰战略上的懒惰。你需要的可能是一些耐心和沉着、思考和改变，绝对不是只停留在脑海里的一些想法，绝对不是做出来给别人看的模样，更不要习惯了“我很努力”“我一直在努力”的假象。

别假装努力，因为结果不会给你圆谎，老板不会陪你演戏。

那些正在日益清晰的、从心底升腾出来的渴望，以及那种始终野心勃勃的进取状态，才是一个人格外耀眼的光环。

“

这世界

是‘90后’的，

也是‘00后’的，

但归根结底，

还是

脸皮厚的。

被狗咬了

难道还要咬回去吗？

当然，

我们不仅要咬回去，

还要打爆狗头才行。

”

取悦型人格

一个人是否成熟，

要看他

被欺负时的样子

很多时候打败一个人的可能并不是大江大海式的困难，
往往是一件小到不能再小的事。
当时我们不清楚它带来的影响，
轻易说出了“行”这个字。
在隐忍中不出声的人，
看上去是在维护关系，
其实是在把关系往更糟糕的地方推。
自以为是的善良和无药可救的恶一样可怕，
都是藏着砒霜和匕首的。

有人说，善良是一种世界通用的语言，它可以使盲人感到、聋人听到。

可是低情商的善良，却是一种变形到失声的语言，连正常人都感受不到它，更鲜少魅力可言。善于妥协的人很宝贵，但是只会妥协的人，就一言难尽了。

家境贫困的可可在读大学期间，周一到周五的中午会去学生餐厅当小时工，到了周末就去当家教。可可希望能够自尊自强，通过自己的努力活出一点底气。

学校每学期都会有一次学生困难补助发放，班级投票选出 3 名可以领取补助费的同学。可可和班长是同宿舍的，平时两人关系也比较要好。在投票的前几天，可可和另外两个同学去打扫辅导员办公室，在门口听见班长和辅导员说："可可家里条件不好，今年的贫困补助老师您多考虑一下她吧。"

这一番话，令站在门外的可可感到非常尴尬，脸红得像蒸熟的虾。

可可之所以去做兼职当家教赚钱，就是不想再接受学校的贫困补助。我们相信班长是热心肠，想帮助可可争取补助名额。可是这样的善良，让可可觉得非常难受。

在大庭广众之下揭露别人的窘迫，虽然是发自善心，但却非常欠妥。每个人的自尊程度不同，对事情的看法也不同，那些无心的话一出口，很可能不仅得不到真心的感激，还会为他人带来莫名的尴尬与困惑。

一个情商高的人，能够时刻令自己舒服，令他人愉悦；懂得在不动声色间表现自己的善意；知分寸守底线，即便寒冬萧索也能令身边的人如沐春风。而一个善良且自带高情商属性的人，是世间最难得的珍宝，是最耀眼的光束。

自以为是的善良和无药可救的恶一样可怕，都是藏着砒霜和匕首的。

这世界就是这样，有善意、有热情、肯伸出双手，还远远不够。你的善良，还必须带点高情商。

一

这世界上老实人永远最委屈，别人觉得他脾气好、善良，麻烦他多做点事那也是天经地义，谁叫我们是同事、是亲戚、是朋友呢？

莹莹的男朋友是圈里出了名的友善，几乎是有忙必帮、有求必应的节奏。

莹莹男友有位大学同学从老家来找工作，在他家借宿，一住就是半年。莹莹周末去男友家做饭、打扫都感到十分不方便。

按理说，两人这兄弟情应该很铁了才对。谁知两个大男孩不久前在群里吵了起来，各自退群，不欢而散。

原来，莹莹的男朋友是学设计的，那位同学暂住的这段时间经常找莹莹男友帮忙做简历、出设计图。那位同学找到工作开始实习期间，经常加班到深夜，不得不找莹莹男友帮忙分担工作量。

有一次那位同学直接发了一个文件夹给莹莹男友，说这个礼拜要用，让他赶紧帮忙修一下里面的图片。莹莹男友打开文件夹后整个人都蒙了，里面大大小小的图片有100多张。

莹莹男友当时就很负责任地告诉该同学，这些图两三天之内是修不好的，至少要一周的时间，而且快到年底了，自己公司也挺忙的，经常要加班。何况他还答应了莹莹一起过圣诞节，实在抽不出时间。

结果他的同学就不高兴了，说："你说这么多，该不会是想让我付修图费吧。"

两个人因为这件事闹得很不愉快，后来莹莹的男朋友无意间在群里看见，那位同学在群里说自己刚刚工作的时候如何辛苦，别说是同事了，就连自己的好哥们都不愿意帮忙。

一段友谊就此凉凉了。

忍一时并不会海阔天空，只会让别人得寸进尺；退一步并不会风平浪静，只会让别人变本加厉。忍气吞声，是最弱的生存方式。没有原则的善良，只会引来无数吸血鬼。

这世界是“90后”的，也是“00后”的，但归根结底，还是脸皮厚的。该甩脸的时候千万别心软，反正那些好意思为难你的人，也不是什么好人。如果你一直怂下去，这世界迟早会让你遍体鳞伤。

人往往对拒绝陌生人不会感到抱歉，但对拒绝亲近的人则会感到自责，只怕伤了对方的心。越是看重一段关系，越不忍心说出一个“不”字。莹莹的男友就是这样。

我们总是害怕在拒绝后就失去了这个朋友，但其实有的时候对别人说“不”并没有什么关系，因为不让别人给我们添加负担是合情合理的。

我们天生对人际关系有一种不安全感，生怕拒绝别人就被割席、被抛弃、被讨厌。于是，能否满足别人的需求，似乎成了我们能否被喜欢的指标，为了这个指标，就算我们委屈得千疮百孔也在所不惜。

生活中总有很多这样的事情，你为他人着想，辛辛苦苦为他做点事，却丝毫没能换来对方半点感恩。有时候，可以善良，但不能懦弱；可以不去扎人，但身上必须有刺。这样才能更好地保护自己，免受伤害。该拒绝的时候就得拒绝，触碰到底线的时候，无情一点并没有错。

所以，永远不要为了怕伤害别人而违心答应一些触犯自己底线的事，无论是友情也好爱情也罢，都要学会适当去拒绝。

凡是会耽误自己事情的求助，我们都应考虑一下帮忙的后果。用恰当的语言，暗示你的原则不容越线。用恰当的方式，让对方知道该适可而止。

不要害怕拒绝他人，如果自己的理由出于正当。无原则、无底线的善良，就是在纵容别人侵犯你的权利。

做好人可以，但别做烂好人，否则最后吃亏的还是你自己。

当一个成年人开口提出要求的时候，他的心里根本预备好了两种答案。所以，给他任何一个其中的答案，都是意料之中的。接受被拒绝，是每个成年人都基本具备的心理素质。

永远忍让，永远不为自己争取，永远打落牙齿和血吞，那不是好人，是怂包。

你越是迁就，别人越是会得寸进尺，你越是心软，别人越是肆无忌惮。不要害怕拒绝别人会破坏彼此之间的关系，不要担心身上的锋芒会让人觉得你刻薄、不近人情。

真正爱你的人不会因为你的直率而疏远你，不怀好意的人却可能利用你的善良伤害你。

当你有原则、有底线、有立场、有主见的时候，他们反而会尊重你、迁就你。

一

这世上从不缺善良，缺的是原则。

如果你总是被欺负，那么你该反思自己，是不是一个“被动内疚”的“老好人”。

心理学家霍夫曼解释过何为正常的“内疚”：当一个人主动伤害了他人，或违反了道德准则，而产生良心上的反省，并且希望对行为负有责任的心态，这是内疚，是正常的。

不正常的是，对于老好人来说，他们往往过于关注他人的感受。对他们来说，“拒绝帮助别人”就和伤害他人没有区别，从而引发强烈的“内疚”。将别人的情绪、感受放在第一位，任凭自己平白遭罪。

不给别人提供帮助，就要背负恶人的名声吗？

请你记住，人善被人欺。如果收起你身上所有的刺，你只会被人戳扁捏圆，被踢得老远。展示你的原则与力量，别人都会知道你不好惹，反而对你肃然起敬。

没有人会真的喜欢“中央空调”。真正有吸引力的人，都是拥有坚定态度的人。我们都只会因为能力而得到工作，只会因为专一得到爱情，也只会因为交付真心而得到友情。所有的这宝贵的一切，都不是用弱鸡似的善良获得的。

实际上，没有人会因为你的硬撑而理解你。那些不珍惜你时间成本的人，为什么要一再迁就他们？

真正的善良不是无知地一味付出，对别人善良之前，要先对自己善良。要有自己的原则和底线，一旦事情超越自己心中定好的那条线便及时地克制，过度的善良只会害人害己。

有些人不敢拒绝他人，而有些人却是不会拒绝他人。拒绝他人需要一定的技巧，有时需要简单直接的方式让对方死心，而有时也需要采用婉转的方法使对方好接受一些。

拒绝虽然会让人失望，但婉转却将失望降到了最低的限度。它既没有让他人觉得很不舒服，也能够让对方理解你的原因。在你确实不便帮忙时，直接拒绝是最有效、最正确的方式。

当我们凶狠地对待这个世界时，这个世界突然变得温文尔雅了。你坚硬无比，立场鲜明，世界反而会对你温柔以待。

他人对你的尊重，从来不是因为你的顺从。相反，懂得适度拒绝才能让别人看到你的原则和底线，也才能让自己从琐事缠身中得到解脱。

“

你要说我
嫁不出去，
我根本无所谓，
你要说我
发不了财，
我能愁得
几宿
睡不着觉。

”

做梦式暴富

如果赚钱

也要别人催，

那你一辈子也就这样了

你要说我嫁不出去，
我根本无所谓，
你要说我发不了财，
我能愁得几宿睡不着觉。

你要用钱来给这个肤浅的世界看，
让它知道，你不是好欺负的，
你是可以选择生活、可以做自己的。
钱并不能成为你所追求的全部，但它是你的底气。

钱重要吗?

我想等你真正拥有了它，才有资格说它不重要。

周末一大早就被Jenny从被窝里拽出来。

“快起来，吃完早餐后我们去逛街。”Jenny一边推着我去卫生间洗漱，一边说。

“大小姐，你前几天刚买了一双高跟鞋。”

“就是要给那双高跟鞋配个大衣，下周我要去参加同学聚会。”Jenny抛来一个眼神，我使劲点点头表示秒懂。

如今的同学聚会已不再是“老同学见面忆青涩年少”的主题了，而是相互观察打探，各怀心思的名利场，对于女孩子来说更微妙的是，初恋或者前任也可能出现在聚会上。

Jenny深知这一点，所以至少在行头上不能丢了分。

Jenny看中了一件外套，长度刚好显出她的高挑，橘红色衬得她气色极好，大气中带着少女的活泼感。Jenny来来回回在试衣镜前徘徊，整个人气场全开，颇有“我就是正宫”的范儿。

可是悄悄看了一眼价签后，Jenny的脸色立刻就变了。她把价签扯过来给我看，果然，一眼就看上的东西，大多是自己买不起的。8000+的价格差不多要花掉Jenny一个月的工资，这就意味着，这个月Jenny只能靠方便面度日。

“连细节处都做工精良，款式也算百搭。不然你狠狠心收了它，这个月来我家蹭饭。”

“衣服是不错，可是……”

正在Jenny做着激烈的思想斗争时，店员走过来，面带僵硬又不失礼貌的微笑说：“小姐，您这样试来试去，衣服刮到您的首饰或者蹭到口红，我们很难处理的。”

Jenny顺势脱下递给店员，店员接着说：“您不买的话，我们就收起来了。”Jenny拎起包，挽着我一溜烟地走出了商场，也没有再去别的地方逛，直接回了家。用她的话说，店员虽然话里话外让她感到难堪，但真正让她难过的，是自己没办法拿出卡，大声说：“衣服包起来，本小姐要了！”她也可以咬咬牙买下这件衣服，可是，对一个快30岁的成年人来说，大概在心理上很难接受节衣缩食或者靠朋友养一个月的生活吧。

很多时候，一个女孩子的底气、尊严和生活品质，真的就全在那小小的金钱符号里。不要说女孩子虚荣、攀比。这样的小心思，难道你没有吗？

我在一篇文章里读到过这样一段话：

如果钱不重要，那么为什么那个在聚会时提前找借口溜走的姑娘，纤纤背影和柔亮的长发在刹那间变得落寞又可怜？

如果钱不重要，那么为什么那些深受婚姻之苦的女人们，就算姿态难堪，夜不能寐，也不肯离开多金的丈夫？

如果钱不重要，那又为什么有人在诗和远方谈谈情怀，有人却只能挣扎于眼前苟且，数着日子等待发工资？

所有的选择困难症，都是因为穷。这穷困带来的最大的痛苦，是根本没有选择“要”或者“不要”的权利。摆在面前的只有一条路，那就是要不了。

一

前段时间看的一档电视节目中，有嘉宾提到父亲生病住院，她说自己在这件事上，唯一庆幸的是有足够的经济能力，给父亲最好的医疗条件。她不想让父母觉得，他们不配拥有这世上最好的一切。几乎所有的人，都被她的这句话戳得泪流满面，我也在那一刻对她“路转粉”。

年纪小一点的时候，真的是一人吃饱全家不饿。慢慢年纪越大越发现，只有事情发生的时候，你才知道自己不再是个小孩，你有责任和义务为家庭去分担，或者做些什么。拼命赚钱的终极目的，就是希望家人能过得好。

我的外婆是患肺癌去世的。

外婆去世前因为年纪偏高而不能动手术，医生建议保守治疗，其实所谓的保守治疗就是长期服药。抗癌药费用高昂，每次听见家里人讨论老人医药费的事，我心里都特别怕，怕因为没有足够的钱让本就瘦小的外婆承受癌症折磨。每一次外婆咳血，我心里就流一次泪，总觉得如果有更贵更好的抗癌药或许能减轻外婆的痛苦。

钱这个东西，在很多事情上或许你心态好一点，多多少少可以无所谓，但在亲人的疾病面前，钱就是命。

有人说，凡是能用钱摆平的事情都是小事。说这话的大多是有钱人。对穷人来说，凡是需要花钱解决的事，都是天大的事。

没有钱你会随时被老板、被家庭、被朋友等这些社会环境制约，甚至被征服，因为你完全没有抵抗能力。

钱是物质构筑的保护我们的围墙，是让我们能够独来独往的交通工具。你一定要有一点钱，用来让你不爱的人滚蛋，用来让你和难缠的老板说再见，用来让你喜欢的人不再受委屈。你可以去吃烤串，买地摊货，收集优惠券，抽奖霸王餐。当别人问你为什么这样时，你能勇敢地回一句：我高兴。

你要用钱来给这个肤浅的世界看，让它知道，你不是好欺负的，你是可以选择生活、可以做自己的。钱并不能成为你所追求的全部，但它是你的底气。

二

读书的时候，以为毕业了就是诗和远方。

现在才知道，在诗和远方之前你要尝尽生活的苟且。

高中校友孙同学有天突然发来信息，问我十一假期去哪里玩儿了？

虽说平日里没什么交集，我还是礼貌回复了："加了两天班，剩下的时间只带父母在市内的几个历史景点逛了逛。"孙同学听我这么说，发来一个吃惊的表情。她接着连发来几条微信，大概意思是她刚刚和家人及男朋友从新加坡回来，那边螃蟹鲜美，圣淘沙岛的美景让人忘记时间。过几天要去香港逛逛，问我想不想代购什么。我表示暂时没有什么想买的之后，以为聊天就此终止了。谁知她发来一条语音说："不如别写书了，来我爸妈的公司吧，保证不会比你现在拿到的薪酬低。"

我不得不深呼吸，回复她："谢谢，可我目前还没有换行业的打算，有空再聊。"并非我不领情，而是我不相信有任何什么外力可以当作自己的依靠，只有赚钱的能力和赚到的钱，才能成为我生活里最实惠的安全感。

旅行图书畅销，旅行综艺收视率飙升，一句“世界那么大，我想去看看”撩拨了情怀。越来越多的年轻人以“再不出去看看就老了”为口号，迫不及待地想要立马来一场说走就走的旅行。

我相信，世界很大，也的确值得我们去看看。但是出走和到达的前提，是有资本和条件。那些含着金汤勺出生的幸运儿就不说了，大多数为生活奔波的普通人，应该问自己三个问题：我有资本吗？物质得到保障了吗？旅游回来一段时间内的资金空缺怎样才能补上？

至少对于我而言，诗和远方并不适合暂时为生活苟且的我，但我苟且的每一天都是在为诗和远方而打拼。努力学习，努力提升工作水平，这些自然会给你带来赚钱的机会和升职的好运。有了资本，随时都可以说走就走。山水不会跑，有了金钱为你撑腰，你想去哪儿都不会晚。

所有你想得到的美好，都是需要付费的。我只想不动声色地默默努力着，想着再等等，等我有了底气，带父母出去看看世界，对他们说：“出去玩，去品尝美食，用我的钱，别心疼！”

星辰和大海，是要门票的。诗和远方，路费也很贵的。

当你还没有达到谈诗和远方的能力时，请在当下好好努力，因为很多事情真的离不开物质支撑。

一

有朋友说："你好好一个文艺青年，总提钱多俗气。"

"文艺青年难道不要吃饭？"我的反问虽然简单粗暴，但事实的确如此，不是吗？

做自己、随心活，甚至是放空偷懒，都是需要资本的。凭借自己的努力和价值换取金钱，任何人都没有理由和借口来无端指责。

别以为爱钱很俗气，我们活在尘世里，为了生活撒腿跑起来尘土飞扬都一样的。

关于精神世界和物质的关系，我曾经看过这样一段话：精神可以支撑物质，它是人的信仰；但物质的节节高升，也能够带来精神世界的更高追求。归根结底，金钱是手段。

这世上唯有自身的能力和银行卡里的积蓄永远不会背叛你。你不会因为没钱而陷入窘境，也不会因为买了贵重的衣服鞋子而担心下个月的生活费，因为你赚钱的能力能够为你的消费水平提供保障。

努力赚钱，不只为了昂头走进奢侈品店不露怯，更是对不喜欢的人和事可以说"不"的底气，有资本远离你不喜欢的圈子，远离那些消耗你的人，可以更多按照自己的想法来活。

努力赚钱，不再和陌生人挤着合租，拥有一间属于自己的公寓，或许不必很大，但可以按照自己喜好的风格装修，即使每天上班远一点，也甘之如饴。

努力赚钱，失恋时不再哭哭啼啼，而是可以立马买张机票去巴黎喂鸽子；去乌鲁瓦图的情人崖，一闻咸腥的海风味，看海水拍打着礁石卷起层层浪花，然后回到酒店敷上面膜，止住眼泪。

我真的不想一辈子都过买东西都要先看看价格，日子过得紧巴巴的生活。更不想在我家人万一生病住院急需用钱的时候，因为少得可怜的存款，而让他们忍受病痛。

我爱钱，想努力赚钱，没什么高大上的理由。无非是让自己和家人活得更好，想去渴望的地方，想爱渴望的人。而这些，都需要钱。这算不上励志，因为这理由太普世，人人都是如此。

钱买不来所有的快乐，但钱能在你和快乐之间搭上一座桥，让你踏踏实实地走在上面，走向另一端的美好。如果赚钱也要别人催，那你一辈子也就这样了。

锦鲤狂热症

确实有人不努力
也可以过得很好，
但那个人绝对不是你

有些人认为自己是“万年好运绝缘体”，
抽奖抽不到，恋爱谈不上，睡觉睡不着，
学习学不好，游戏菜到爆。
于是他们把少壮的不努力，
长大后统统甩锅给了“水逆”。

与其花大把的时间考虑佩戴什么转运水晶，
不如回过头好好看看自身的问题。
成长的开始，
必然是能坦然面对生活的种种不幸与难堪。

大多数人的人生，都是起起落落落落落起落落落落落起的。所有的开挂，都是咬牙死扛的结果。有闲工夫天天转发“锦鲤”，抱怨“水逆”，不如思考一下自己现在为什么这么糟糕，及早对症用药，才是上上之策。

昨天阿豆打电话给我，“亲爱的，你有没有觉得最近诸事不宜？”

彼时，我正一只手打着雨伞，胳膊肘夹着四个快递，另一只手在满是耳机线、面巾纸和口红的包里翻找着钥匙。但钥匙还没找到，手臂却酸到无力，所有包裹都滚落到地上，雨伞倾斜淋湿了自己。

我看着地上散落的快递对阿豆说：“有，比如此时此刻。”

阿豆告诉我，自从上周“水逆”，她每天都小心翼翼，可还是抵不过这星运的神秘力量。而且昨天，可以被评为她 30 岁人生里最倒霉的一天，没有之一。

昨天阿豆一睁开眼，发现已经 8 点 5 分，原来是昨晚手机没充上电，自动关机导致手机闹铃没响。阿豆嘴里叼着牙刷，慌慌张张地找新的手机充电线，脚趾磕到柜子上，疼得她半天没站起身。总算收拾好冲出小区大门的时候，碰到搬家公司的车堵在大门口，阿豆表示自己着急，麻烦对方让一下，司机才慢吞吞地挪了车。

平日里畅通无阻的二环桥上，阿豆的车被后车追了尾，无奈只好下车协商处理办法。等万般艰难到达公司，她刚刚蹑手蹑脚地走进工位，就被主管叫进办公室劈头盖脸训了一顿，原来是合作公司在合同里发现几处明显错误，对方免不了要质疑他们公司的能力，主管又是道歉又是陪笑脸。合同是阿豆做的，不训她训谁呢？

人生还能比这个上午更丧吗？

当然能。

中午的时候阿豆想冲杯咖啡，发现咖啡机坏了。外卖小哥把午餐送来的时候，菜几乎撒了一半。下班回家路上买了四个桃子，到家才发现有两个都生了虫。

阿豆说这些一桩桩的倒霉事都是“水逆”的锅。因为“水逆”会影响人的情绪和记忆，所以她的生活不幸、工作疏忽、感情不顺全是因为冥冥之中有一股力量在引导。

我本想猛劲儿点头认同，但细想之下，发现不妥。

关于合同的纰漏，光是阿豆自己跟我说起都不止一次两次了；告诉她多少次了，晚上睡觉前不要玩手机，不但对眼睛不好，还容易没电；至于买水果，她从来都是随便扔进袋子里几个，从来不挑拣。

所以这样一看，水星没逆行的时候，阿豆的这些问题就已经存在了。其实就连我自己也是，拖延症犯了，快递在快递站堆积了好几天才去取，不得不一次拿回来一堆。明明是我自己犯懒，也赖不着人家水星什么事。

似乎比起“水逆”带来的影响，这更像是我们用来遮掩自己失败的借口，让“水逆”“名正言顺”地背了黑锅，我们心里才得以侥幸地踏实。

一

关于“水逆”，百度给出的解释是，由于水星运行轨道与地球自转带来的黄道角度差而带来的视觉上的轨迹改变，“水逆”会影响记忆、沟通、交通、通信等，会让相关事宜的进行变得缓慢，甚至在过程中察觉到一些阻碍的因素，让人感到情绪低落。

在占星术中，“水逆”随着周期与时间的轮换进入不同星座，造成相应的影响。如此看，“水逆”所造成的影响或是真实存在着的。

可是也别忘了，星座运势从来不过是参考，个人有个人的境遇，不尽相同。

每当“水逆”之时，朋友圈里也总是哀鸿遍野。

平日里发着岁月静好感慨的小姐姐们，都开始诉说自己过得有多凄惨；一向正能量化身的小哥哥们，也是丧气满满。好似往日掩埋在微笑面具下的暗潮涌动的情绪终于找到了宣泄的出口。

当一件不愉快的事发生时，我们习惯拼命暗示自己，一切和自已毫无关系，于是找借口为自己开脱。毕竟很少有人能坦然接受别人的批评和指责。那么甩锅给命运，就是最好的选择。

但一开始的逃避还会自责，渐渐放弃应承担的责任太久就会习惯，无论事出大小，总是会把自己身上的责任枷锁卸下。

“水逆”总会过去，当这种阻挠你的神秘力量消失后，你的生活就真的好起来了吗?

与其花大把的时间考虑佩戴什么转运水晶，不如回过头好好看看自身的问题。成长的开始，必然是能坦然面对生活的种种不幸与难堪。

一

不知从什么时候开始，许多人都在用“你不成功，不是不努力，只是运气不好”来安慰大家，凡是信奉这句话的人，都得出了一个假结论:“别人的成功，不是努力，只是因为他们运气好。”

我们常常怀疑，为何别人总是运气爆棚，而自己的生活却慢慢慢慢慢慢慢慢慢慢慢慢慢地也好不起来。这是个什么都讲速度的时代，人人都恨不得一觉醒来就坐到了金字塔顶端，比如 1995 年生的女大学生成为网红主播月入百万，比如某公众号作者一篇爆文赢得各大广告商争相合作。

可你怎么确定他们的成名是走运，而不是沉淀后的飞跃呢？网红主播下线后要在舞蹈室练舞到深夜，那位拥有千万粉丝的作者也常常会因写不出东西而苦恼，可他坚持每天要有固定的 4 个小时时间用于阅读和写作。

运气很偶然，但成功从来都不偶然，每一份好运降临之前，都掺着一路的泥泞、眼泪和汗水，像滚雪球一般，带来更多的机遇。

这些坚持了自己的选择，并且拼尽全力做到最好的人，其实不需要谦虚地把成功都归功于运气，而那些什么都不了解的吃瓜群众，更没有资格说他们“只是运气好”。并不是所有的努力都会收获好运，但所有的运气，却一定是因为你足够努力，才肯垂青于你。

我从来不相信什么从天而降的好运，没有谁的成功是突发的，哪有什么一夜爆红，所谓时来运转，不过是顺势而为。积极努力的人，或许连上帝也会网开一面吧。

借用微博上的一句话：哪有那么多陪朋友试镜却被意外选上的梁朝伟，哪有那么多走在街上就能被星探幸运相中的林心如。

你凭实力能抓住的，才叫好运气。

当你不抱怨“水逆”，不侥幸于运气的时候，你的人生就真的有救了。

别在人性上轻易怀疑别人，也别在道德上过于高看自己

真正有自己内心秩序的人，
不会在表面上和这个世界的是非纠缠。
你能学会理解人性的复杂和命运叵测，
也有自己的原则、善良和温度，
包容那些冰山之下潜藏的暗流
和他人不那么清白的过往，就已经很不容易了。

至于人间正义，
有些你真的管不了，那是上帝的事儿。

什么叫作内心强大，能够和那些不喜欢的东西和平相处，却不同流合污；坚持为美好的东西而努力，却不为失败或得不到而焦虑。

萝萝在微信上发来一连串哭泣的表情，后面跟一句“我想退休！”很明显，这是句气话。

萝萝在一家酒店集团做活动策划，当初凭借积极努力的工作态度和思维敏捷的小脑瓜顺利通过试用期。起初给团队里的前辈做助理，参与活动的策划与组织实施。萝萝并没有安于现状，而是给自己报了很多相关的课程，仅仅两年时间就把自己从一个职场小透明升级成了公司策划部的文案黑马。

去年夏天，他们部门经理随老公出国定居，萝萝成功接替了这个位置，成为该部门有史以来最年轻的策划经理。为此，几个朋友订了萝萝最喜欢的小龙坎火锅，再配上啤酒，为她庆祝一番。

你一定好奇，职场前景可观且干劲十足的萝萝为什么丧到要辞职、要退休。因为问题就是从她升到经理开始的。

萝萝认为过去的策划文案看似在进步，实则是老调重弹，创意度不够，也不能突出品牌特色。萝萝利用加班时间做了市场趋势调查，又通过市场部跟客户沟通，将自己发现的问题做了详细的报告，提交给了老板。

没有想到这一次老板一反常态，没有对萝萝提交的材料做太多评价，而是跟她说：“你们部门的几位策划来公司很多年了，各方面都有值得你学习的地方，有空要跟他们多多学习。”萝萝嘴上应着：“明白，知道。”实则听得一头雾水。

萝萝把疑惑说给我们听，朋友们都建议萝萝多跟同事沟通，多听不同的声音，再把工作合理分配给同事。萝萝认为，她跟同事磁场不同，命格相克。比如萝萝想利用中午午餐时间跟同事聊聊关于新策划案的想法，可他们似乎更愿意八卦一下谁和谁在一起被狗仔队拍到了。有孩子的同事会分享育儿经，聊家常。这些事萝萝从不关心，更不参与。再比如萝萝认为宣传片应请当红一线小生出镜，而有人认为短暂的明星效应未必能带来预期的效果。在几次沟通失败后，谁都不愿意再费口舌。

“好吧，那我自己来做。”萝萝带着年轻的倔劲想要用成绩证明给大家看。萝萝忙得恨不得自己有三头六臂，从客户需求沟通，方案策划撰写，活动现场选址再到跟进调整细化，萝萝几乎事事亲力亲为，生生把自己累瘦了5斤。最让她受不了的是，其他人整天闲得无聊也就算了，凭什么他们看她的眼神里带着厌恶和警惕呢？

几个月后，新活动顺利举行，萝萝却在现场后台晕倒了。住院一周里，只有一个同事来探望过萝萝。更让萝萝伤心的，是病假期间老板将她手上负责的工作分走了一半给其他同事。

萝萝在病床上拽着我大哭："我这么努力，又不是只为了我自己，为什么老板和同事们似乎都不喜欢我呢？为什么啊？"

没错，萝萝很努力，努力的人应该得到信任与支持。

可萝萝只记住了励志鸡汤告诉她的"实力就是王道""只要自己强大就能得到一切"以及"无需取悦他人，更不要为了合群而改变自己"，却不知道我们从书本里走出来，走到接地气的世俗里，有一种东西，叫作人情往来。

自我、特立独行，是我们这一代人的标签。

我从前认为它是特点、是个性，可这些年遇见了很多合群和不合群的人，我越来越发现，在大环境下，不合群是一个短板。你会因此错失机会，丢失人脉。你得先走进世界，才能找到自己的世界。

听了许多类似的例子后我不免觉得，其实职场上从来就不缺个人能力强的人，但对于许多行业来说，团队完美协作才能更好地完成项目。

即使个人能力再优秀，如果你在一个团队里总是特立独行，不接纳别人的优秀和意见，这份负面的能量就会不自觉地影响到其他同事。

人是独立性和社会性的统一，而人与人的互动，是一场场连续的博弈。你需要有实力，用以区别自己和他人。但也需要懂人情，才能融入更大的群体。

一

表妹刚刚工作那年，以实习生的身份参加公司的年会晚宴。

漂亮的红色小晚礼服，配上一双黑色细带的高跟鞋，将二十出头的小姑娘衬托得更加动人。欢天喜地出门的美少女，回来时像极了过了午夜12点后丢失了马车和公主裙的灰姑娘，满脸写着不高兴。

“一起实习的几个同学拽着我拼命往老板身边凑，抓住一切机会给老板留下印象。”“他们给主管敬酒，说感谢主管对我们的照顾。主管明明喜欢刁难实习生，经常对我们呼来喝去。”“整场看他们假笑，恶心的我一口东西都没吃。明明是宴会，却没有绅士邀美女跳华尔兹的动人情节，太让人失望了。”表妹一边卸妆，一边愤愤不平地说个不停。

我笑着说：“第一，一同实习的同学叫上你一起参加活动，说明他们没有孤立你，这很好。第二，男女眼神交错动情共舞不是年会晚宴，是偶像剧。”

表妹摇着头嘟囔着："太虚伪、太黑暗了，我不喜欢。"

但让她提前结束实习期的，却不是酒会这件事，是表妹无意发现了老板的一些私事。

"我们老板白手起家，我把他当作励志榜样。老板待人友善，不刻薄员工，我一直认为他是个好人。可是你知道吗，他明明都结婚了，居然还有个年轻的女朋友。"

"那又怎样？"

"你不惊讶吗？"

"对于员工来说，他是个不错的领导者这就够了。人家的私生活和你无关。"

表妹一副"眼睛里容不下沙子"的模样，瞪着眼一字一句地说："这公司我一分钟也待不下去了。"

年少的时候，我们对一切不按光明规则行事的人深恶痛绝。那时的我们不明白，这世间哪有一尘不染的人，成年人的世界也没有那么多的清白。

别在人性上轻易怀疑别人，也别在道德上过于高看自己。

人从来都是多棱镜，没那么崇高，没那么伟大，但也没那么卑劣，没那么龌龊。这就是世界，也是人性。

我也不是一走出校园就明白这个道理的。毕业那年公务员考试失利，我在当地的一家报社做记者，没多久，我就发现每次我出的新闻稿在播出时都会被主编用更圆滑、更官腔的文字替换下来。那时的我不敢去问为什么，心里却憋着气，为自己笔锋犀利、态度明朗而骄傲，认为被改动的新闻稿立场模糊，不是新闻人该有的职业态度。

半年后我准备辞职去外地工作，临走前去和主编告别。在我说了一些礼貌上的告别话后，主编只说了一句："小姑娘，以后做人和文笔都委婉一点，没坏处的。"

如今在职场摸爬滚打了 5 年，我才慢慢明白当年主编的好意。越长大越发现非黑即白、对错分明的世界观并不好用，甚至会让自己撞得头破血流。

世界才不会规规矩矩地按规则运行，太多人太多事处于灰色地带。三观破碎这事谁都避免不了，而我们也正是在这一次又一次的破碎和重立中，知道我们根本改变不了这世界，能做的不过就是规正自己。

我们人生中最艰难的任务，就是自我分析，然后试图理解许多人生真相与我们内心相斥的部分，并化解自己与世界的纷争。

常常有人认为，成熟就是变得圆滑世故，违心话脱口而出，还会拍各

种花式马屁。这并非成熟，而是世故。成熟是调高内心的容错率，变得宽厚而善良，知世故而不世故，历圆滑而留天真。

真正有自己内心秩序的人，不会在表面上和这个世界的是非纠缠。你能学会理解人性的复杂和命运叵测，也有自己的原则、善良和温度，包容那些冰山之下潜藏的暗流和他人不那么清白的过往，就已经很不容易了。

至于人间正义，有些你真的管不了，那不是你来人间的任务。

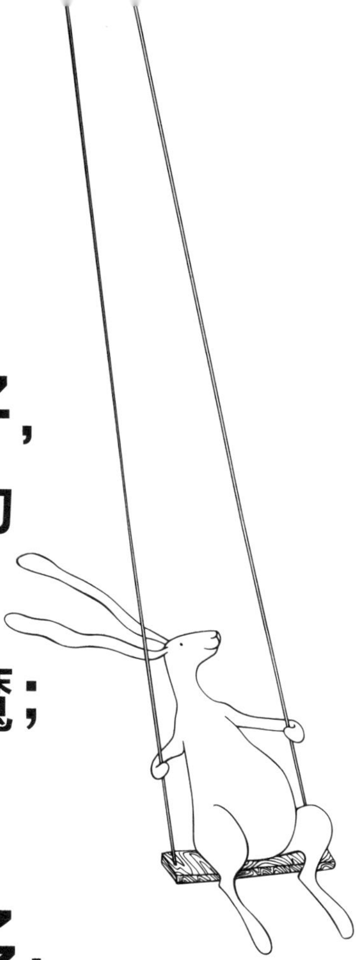

"

古代真好，
承受太多压力
就会
成妖、成魔；
而现在
承受太多，
只能变成
神经病。

"

情绪焦虑

这世间所有的不尽如人意，

都没你想得

那般无能为力

当我们以为生活已经足够糟糕的时候，
万万没想到，生活还留了一手更糟的。

等着别人救自己的人，一直等着，拉长脖子，
也没有等来为自己指点迷津的贵人。
而决定自己救自己的人，一路上磕磕碰碰，
却拿到了通向“下一关”的指示牌。

这场人生的宴席，酸甜苦辣咸，总要亲自尝过不是吗？
连毫无指望地喜欢一个人这样的事你都能坚持那么久，
那付出总会有回报的事，为什么不再努力一下呢？

一件事无论太晚或者太早，都不会阻拦你成为你想成为的那个人，这个过程没有时间的期限，只要你想，随时都可以开始。

一位读者在师范大学读大三，留言给我，说自己不开心。

原来是社团里的一位同学已经提前修满学分，并且打算实习，说是这样可以在毕业前为自己多争取尝试不同工作的机会，等到真正就业的时候不会盲目。“姐，我感觉自己被同龄人落下了，觉得未来特别迷茫，自己又成长得不够快，好不安。”

有位读者留言说，她今年 27 岁。

上个月去参加大学室友的婚礼，听说男方家庭条件优越，蜜月是马尔代夫双人游。自己家里催婚催得紧，而且她最近发现眼角处有一条细细的皱纹。这几年工作进入瓶颈，几场恋爱也都无疾而终。她说她突然有些心慌，怕自己在工作上还没做出点成绩就要碌碌无为地老去，更怕自己来不及遇见喜欢的人。

身边越来越多的人开始焦虑未来。有人今年就要实习，有人明年就要找工作，有人 25 岁没有男朋友，有人 30 岁还没有结婚。看着一张张年轻的脸蛋上写着“焦虑”两个大字，我突然想起从前的自己，同样这般焦虑恐慌过。

好像过了 20 岁以后，时间一直在快进，有太多的东西想要尝试，有太多的远方想要到达，可是好像根本来不及。机会变得越来越少，时间像干瘪的海绵挤不出一点水。常常感到失落和无助，突然会觉得世界很残忍，我们太渺小，但谁都依靠不了。

我们害怕浪费时间，害怕自己一事无成，害怕找不到心仪的工作，害怕自己没有能力给喜欢的人未来，害怕自己就这样匆匆过了一生，到最后什么都没有实现。

我第一次觉得自己特别没用，什么都做不好，是我工作的第二年。当时和同事一起去见一个大 V 博主，谈运营推广的事情。对方递过名片，“CEO”三个字母让人无法忽视。对方表达逻辑清晰又接地气，谈吐大方说起自己的想法丝毫不露怯。

临走时我问他，“你是“90 后”吗？”

“嗯，1997 年的，刚刚毕业。”

我记得那天我揣着玻璃心回到家，坐在马桶盖上发呆一个小时。想想我 20 岁那年，真想抽自己两下，学业以不挂科为最高标准，谈黏人的恋爱，正事一件没做。

好像所有的打击都商量好了要在同一天来找你。在我准备从马桶盖上起来时，接到了朋友发来的微信，她告诉我她的老板上个月 A 轮融资拿到了 3000 万，现在整个公司干劲十足，准备半年后 B 轮融资。她的老板就比我们大一岁而已。

夜里睡不着的时候，想着我身边的朋友有的出国去了，有的看世界游玩去了，有的结婚生了宝宝，有的当上了部门小领导，而我呢，还窝在这个租来的小屋里……想完以上种种之后，我脑子里只有一个声音：该怎么办啊，好像做什么事情都来不及了。

每一天周遭的一切都在告诉我们，快点快点再快点，不然只能坐视别人捞走肉片，连口汤都不给你留。

这种恐慌就像红灯没有闪完就要急匆匆过马路，每次偷懒都像偷人一样有罪恶感，好像只要停下，就来不及到达目的地了。

二

转年我去上海出差时，和在那边上班的君君约了碰面。她意气风发的少女面庞上带着大女人的干练，如今的她算得上是在圈内小有名气，策划过畅销书，运营几千万粉丝的公众号。

君君是做新媒体的，在这个行业里，每天听到看到的都是整个世界最新的资讯。君君说她刚刚进入这个圈子的时候，发现身边有很多很厉害的人。大她 2 岁的美编组组长在大学期间就利用假期四处旅行，她喜欢拍人物最淳朴真实的脸，如今她做的设计在行业内小有名气，去年年底还举办了个人摄影展。和她同岁一起进公司的一位同事，这几年为自己建立了不少人脉，打算明年辞职自己创立工作室。

君君说刚进这一行的时候她感到自己好像一无所长，走在人群里随时都会被湮没。她开始慌了，唯恐一切来不及，窥探着别人的状态。她每天一遍遍刷微博，生怕错过热点。又买了几本考研相关的书，报了英语班，慌忙要考研。每天像打了鸡血似的，白天忙工作，晚上背书到后半夜，睡 2 个钟头就爬起来赶早高峰的地铁。

半年过去了，君君负责管理的几个微博号粉丝不见增长，后台浏览量也直线下降。每天恍恍惚惚，脸色蜡黄，没有了 20 岁出头小姑娘的精气神。

后来，君君参加了一位知名出版人的演讲会。有人现场提问“如何才能不被落下？或者超越别人？”那位前辈说：“一出生天赋极高的人一定是有的，但大多数还是我们这样的普通人。没什么秘诀，你想变得出众，无非就是不断给自己补给能力，以及足够的耐心。”

这句话触动了君君，她开始把精力转移到自己身上，不再一味地拿一个不可复制的他人的成就来刺激自己，也不再模仿他们努力的方式。

社交网络上，“焦虑”这两字俨然成为爆款热文收割流量的利器。君君说她如今并没有杀死焦虑，而是适应了这个时代的节奏。

她开始相信等待跟蛰伏都是有用的，那些属于你内在的强大力量，那些你日夜积累起来的点滴能力，那些你从别人故事里拿过来自己重新组建过的价值观，才是让你对抗这种“感觉一切都来不及”的慌张的力量所在。

当你沉下心学习、工作、生活，屏蔽周围各种各样的声音，专注于提炼纯度更高的自己时，你就会在这个过程中，慢慢发现自己想要成为一个什么样的人，而你要给自己一点耐心。

生活有太多求而不得，也许是出身注定，也许是经济阻力拖慢了你。你还没有活成自己想要的样子是常态，不丢脸。只怕你寄居在无解的焦虑里消耗自己，或是妄想用最短的时间、最高的效率，换来逆袭和认同。

—

很多人深信“出名要趁早”，渴望一夜成名、一夜暴富。我相信运气，但是我更相信天道酬勤跟厚积薄发的运气。

我们每个人都一样，都会经历迷茫、困惑、恐慌、自卑的成长必经之路。不管摔得多疼，站起来继续往前走，你一定能到达你想到的地方，到时候，迷人的风景会让你忘了一路上的苦与痛。

衡量人生好坏的标准，从来都不应该是你在某个年龄是否做到了某件事，而是你是否一直走在去实现期许的路上。

我们对什么样的生活有期待，那这样的生活就会反过来对我们有相对应的要求。它不那么在乎我们的自尊，只在乎你做出来的成绩，然后你才有一点点去强调自己感受的资格。

人生不只是一个接一个的不顺，还有一次接一次的满血复活。哪怕未来难免迷茫，理想还是可能蒙尘。可水远山长，来日可期。

愿你不怕来不及，也愿你一步也不要停。

就算你真的是仙女，
下了凡
也要靠自己

但愿你明白，不管是上帝、关公、月老还是土地爷，
个个都是大忙人，就算你真的是仙女，下了凡也要靠自己。

你的努力和汗水如果不够诚心诚意，
谁都没空来白白赠予你好运气。
希望你趁早结束笨拙稚气、人穷志短，
还时不时被他人欺骗的糟心岁月。

喜欢童话或者没事爱幻想，都不是什么大问题，
但如果你什么都不做，
反而意淫自己主角光环加身，那就太可怕了。

Anne是个来自北方小城的姑娘。毕业那年到上海求职，没有工作经验撑腰，没有亲朋陪伴，带着单薄的行李和毕业证书的她，像一只没方向的苍蝇到处乱闯，又像一个虔诚的信徒，满心满眼祈求着好运降临。

租到的地下室信号弱，她就抱着笔记本电脑和小板凳，去楼梯口投简历、打电话。在投了几十份简历之后，终于有一家电商公司通知她可以去面试。为此，Anne买了一套得体的职业装，几乎花掉了她卡里所剩不多的生活费。

面试那天是个阴天，乌云压得很低很低，可这不影响Anne的心情。她踩着不太习惯的高跟鞋，拽了拽西装上的褶皱，像每一个第一次参加工作面试的人一样，紧张、兴奋，掺杂着内心对未来无法遏制的期待。

可迎接Anne的却是猝不及防的“冷水”。先是面试时间从通知的9点钟硬生生拖到了下午1点，Anne找了个没人的地方，悄悄脱下高跟鞋揉了揉脚踝，又去卫生间补了补变得不太精致的妆。好不容易排到她进去面试，几位面试官一边随意翻看了一下她的简历，一边表现出“我们很忙”的样子，这让Anne更加紧张，回答问题的时候免不了打了几次结巴。

“嗯，简历我们留下了，你回去等通知吧。”一句轻飘飘的话，结束了这场面试。

从写字楼出来的时候，Anne是有点蒙的，她低头想着自己今天哪个问题回答得欠妥，直直撞上了玻璃大门，强烈的疼痛感让她捂着脑门蹲了下来，周围人不是冷眼旁观就是憋着嘴笑。下了地铁准备过马路，一辆电动车急速而过，Anne本能地向后踉跄了几步，不小心踩了一位阿姨的脚，“小姑娘没长眼睛的啊，踩得痛死了”。连说几句“对不起”，也还是遭了阿姨的白眼。好不容易到了家门口，隔壁家的小狗突然跑出来乱吠，吓得Anne靠在墙边不敢动，蹭脏了衣服。

这一天对Anne来说无疑是糟糕的。很久以后，她回忆起这一天说："我在狭小的卫生间搓着衣服上弄脏的那一块，那一刻特别想哭。可我凭什么哭，又跟谁哭呢？所以我硬是把眼泪咽了回去，洗干净衣服，挂好，晾干。”

不过老天眷顾，Anne最后进入复试，并最终得到了那份工作。她从做最初的端茶倒水可有可无的职场新人开始，闷声付出了比同龄人更多的努力，如今成为部门不可或缺的重要人物。而那个天气阴沉的面试日，成了Anne生命中糟糕却有价值的一天。

你总得见过一些冷眼旁观，挨过一些疾风骤雨，体会委屈和眼泪闷在胸口却不能迸发的酸楚，才会明白，哭泣和发脾气都是最没用的事。生活没有给你傲人的资本，但这不妨碍你拥有不服输的勇气和不放弃的定力。

人往往在闲得发慌的时候最矫情脆弱，在深渊挣扎的时候反倒最清醒坚强。

一

那天跟朋友小桐聊天，说起这批应届毕业生已经是“95后”了，感叹岁月把我们变成老阿姨之余，小桐说起她带过的一个特别的助理。

助理小姑娘年纪轻轻，要求不少，脾气不小，经常把办公室的同事惊得一愣一愣的。可奇怪的是，这样一个有点“不知天高地厚”的职场小白，却是小桐带过的新人里她最喜欢的一个。

助理小姑娘每天中午要在休息室午睡半个钟头，期间希望休息室的其他同事能轻言轻语，以免吵醒她；团队出差，她要单独住一个房间，因为和同事住一起会不习惯，休息不好影响第二天的工作状态；每月在正常休假的基础上要多休1天，因为要坐客车回家陪陪父母；小桐做出方案后，其他同事只会照常整理打印拿去给上级签字，可这个小姑娘会仔细检查是否有疏漏和错别字。

“和其他部门组长聊天，他们都说这样刚刚进入职场，经验不多要求却多的人为什么不辞退呢？”小桐抿起嘴笑了笑说：“我觉得，她是个非常不错的员工。”

每天，这个小姑娘都第一个到办公室，提前列出今天要完成的工作，有哪些文件待处理，有哪些事情今天要落实，几点开会，快递是否查收，她把这些写在便利签上粘在电脑屏幕边上，完成一项就划掉一项。在同事们吃早餐、看新闻、刷微博的时候，她已经进入了工作状态。

所以，这也就不奇怪，布置下去的任务，她总能高效优质地完成，而且一次比一次好。小姑娘总是随身携带一个厚厚的本子，不管是开会、出差还是平日工作，想到什么好点子，受到什么启发，对接下来的工作有什么想法，都会记录在本子上。当同事们为方案想破脑袋的时候，她翻翻自己的本子，总能找到些灵感。

对于一个刚进入职场的新人来说，小姑娘出色的工作能力可以让人忽略掉她的小脾气和小要求。

一个人，既要有做自己的胆量，更要有做自己的资本。不是你觉得自己从小娇生惯养长大，世界就该处处让着你宠着你。

提要求之前，先考虑一下自己现有的条件是否能匹配。你是觉得自己够聪明漂亮，还是业务能力无法被替代？你是家世显赫、富甲一方，还是有男友对你死心塌地不离不弃？

有性格有脾气的本质，不是懈怠，不是打破规则，更不是无理取闹，而是你明白自己要成为什么样的人，然后有能力去成为那样的人。

我们对什么样的生活有期待，那这样的生活就会反过来对我们有要求。所以，你的野心要配得上你的能力，你的脾气要配得上你的本事。

一

因为工作的缘故，我加过一个写作群。里面有的人已经出版过畅销书，有的人一直在写作的路上不红不紫，有的人还是小透明。大家平日会聊聊热点，聊聊最近又出了哪些爆文，或是推荐写作课，分享好文好书。

里面有个叫尔尔的姑娘，算是群里的积极分子，聊天场场不落。谁出了爆文，谁签了新的出版公司，她不是话里话外带着一股让人不舒服的酸味，就是抱怨出版市场不景气，自己没机会。

过了一段时间，我发现这么一个年轻热闹的姑娘，大家在聊天的时候似乎总是有意无意忽略她。

出于好奇，我找群主聊了一会儿，才知道这姑娘将群里所有人都加为好友，然后只要你发朋友圈，她一定会评论点什么。其实这倒也没什么，写作能力是一方面，有资源也是蛮重要的，多认识圈子里的人总归是有好处的。可让人受不了的是，明明不熟，也没有合作，她就让别人给她介绍资源，推荐她的稿子，弄得大家很为难。

之前有过几次线下聚会，她倒是来了，大家都觉得聚会最后的费用 AA 制比较合理，毕竟大家都是辛苦拿着稿费过生活的人。可这姑娘却次次拖着不出钱，“你们都是拿着不菲稿费的大神，我哪儿比得上你们。”好像别人请客吃饭，她来蹭机会蹭资源成了天经地义的事。

后来的聚会，大家心照不宣地不再叫着她。

有天尔尔在另一个作者的朋友圈看见了聚会照片，便在群里没好气地说：“聚会怎么没人告诉我呢？你们都是有几十万粉丝的人，看不起我不爱带着我玩是不是？”尴尬的是，她说完好一会儿，群里仍没有人接话，或许是大家在忙自己的事，根本没时间跟她掰扯无意义的事。

过了一会，尔尔补了一句：“既然这样，那我退群好了，没想到你们是这样的人。”然后，她就在群里消失了。没人挽留，没人惋惜，她的退出没有激起一点涟漪，大家依旧像往常一样聊着。

可能尔尔不明白，钱你没出，话也不会说，人又不会做，只一门心思想从别人那里得到有利于自己的资源机会，还理所应当地从别人那里索要尊重，到底是你傻，还是你觉得别人傻呢？

以退群的方式表达自己的不满，以为发了脾气就会有人重视，以为自己在群里很重要，实际高估了自己在社交圈里的地位。退群根本没有惩罚到谁，或许对大家而言，少了她，反而更轻松了。

这世上有太多普通人，喜欢在平凡的生活里给自己加戏，让自己显得不那么平凡。可惜往往是只有虎劲，没有资本和底气，过高估量了自己，结果越折腾，越招人烦。

当你在心里认定了，那些比你厉害的人就应该多付出的时候，寒酸就已经刻在了你的骨子里；当你从根本上不接受礼尚往来的游戏规则的时候，被边缘化是不可避免的；当你用发脾气来刷存在感，论证自己的重要性的那一刻，你就已经输了。

二

不管你是做自己，还是希望大多数人喜欢你，过自己想要的生活，都是需要资本的。当你强大到一定程度，你才会有随心所欲的底气；当你有了足够的资本，才能真正地享有自得其乐的活法。

只有这样，你才可以过自己想要的或精致、或热闹、或任性、或岁月静好的生活；才可以在人前丝毫不露怯地表达自己的意愿和想法；才可以让自己的父母过上不操心的晚年生活，在和亲朋好友、左邻右舍谈及你的时候一脸骄傲；才可以没有顾忌地拒绝不喜欢的人，跳出不喜欢的圈子。

但愿你明白，不管是上帝、关公、月老还是土地爷，个个都是大忙人，就算你真的是仙女，下了凡也要靠自己。你的努力和汗水如果不够诚心诚意，谁都没空来白白赠予你好运气。希望你趁早结束笨拙稚气、人穷志短，还时不时被他人欺骗的糟心岁月。

喜欢童话或者没事爱幻想，都不是什么大问题，但如果你什么都不做，反而意淫自己主角光环加身，那就太可怕了。

希望我们早点接受现实，不要把自己的无能归为运气不好，碎碎念的抱怨和不被买账的脾气只会遭人嫌。成年以后，喜怒形于色更是需要资本。

前任过敏

和有些人的最好结局，

就是

彼此杳无音信

过去了的人就像发霉了的面包、发酵了的牛奶、隔夜的茶，

不管当初有多美好，已变了质，恢复不了当初的面貌。

就像那句老梗：一个好的前任就应该像死了一样。

安安静静做个“死鬼”才是体面，

不要自己过得不如意了，

仗着人家曾经喜欢你，就回头打扰。

说好听点是旧情难忘，其实本质就是自私。

比起去认识新的人，

吃回头草这事真是太没出息了。

有人说，所有不能再并肩的恋人，都是当初你在茫茫人海中独独看到的他。如今，你只需再将他还回人海中，如此而已。

想讲几个爱而不得的故事，以及故事里，那些前任教会我们的事。

前几天刷微博，看到了一句：生活不止眼前的苟且，还有前任的喜帖。随手分享到了小群里，接着群里便是一场表情包的对战，过了一会儿，豆豆发了一句：“那么问题来了，礼金该准备多少？”

群里瞬间安静。原来是前几天豆豆收到了前任的婚礼请帖，豆豆看了一眼请帖上新郎的名字，觉得心脏有一丝揪紧和抽搐。一边拼命往嘴里塞冰激凌，一边掉眼泪。

这还不算完，没过几天，男生还给豆豆发了条长长的短信，里面陈述了他对两个人过往的怀念，简单真诚，没有半点暧昧勾搭的意思。短信最后一句还蛮诚恳的：豆豆你这么好，真的希望你以后能幸福。

豆豆跟我说：“你知道吗，我曾经因为他承受了那么多心碎，我付出了一大把光阴和期待，才不是为了一句‘祝你幸福’。我一点都不想祝他幸福，更不希望他祝福我，我宁愿他对当年的分手耿耿于怀，至少这样，他会记得我吧。”

我不太明白，为什么分开后的两个人，会说祝福对方在别人身上找到幸福呢？难道在心里，不是希望这人山人海只有我能将你小心收藏？

太在意的东西，别人碰一下都觉得是在抢，更何况是我们真实爱过的一个人呢？你的故事里换了主角，我在你的世界里没了入门的资格，我免不了要在心里许一个坏愿望，巴不得你过得不快乐，然后余生天天念起我的好。

越是深沉爱过的人，越难心平气和地讲出那句祝福。如果你非要去别人那里找归宿，那我真的有一点不想祝你们幸福。

一

阿洲和达达毕业那年，住着600块的北京郊区的小平房。7月的炎夏，坐在老旧的电风扇前，互相看着傻笑。12月的寒冬，两个人在公交站冻得抱在一起取暖。尽管达达说了很多遍“我们可以一起吃苦，我相信会越来越好”，两个人最终还是放弃了这段感情。

因为什么分手的呢？可能是因为达达来北京一年迟迟找不到工作，或是两个人因为要不要买那个二手沙发而争吵，又或是下个月的房租让两个人都犯了难……

谁也说不出分手的原因，只知道那天黄昏悄无声息地掩盖了这座城市，路边的灯次第亮起，连成一片明晃晃的银河带。

他们就那样坐着，不说话，过了一分钟又一分钟。达达看着他细碎的发梢上带着汗珠，洗得有些发白的牛仔外套被他随意地披在左肩上，露出的侧脸就像被清晨的日光雕刻过一般，依旧让达达迷恋。

是达达起身先走的，阿洲拽住她的手腕，想要说什么，却只字未出口。达达抽回手，什么都没说，转身就走了。

达达后来在跟我说起这件事的时候，我忽然想起《一别一辈子》中写道：说好永远的，不知怎么就散了。最后自己想来想去，竟然也搞不清楚当初是什么原因把彼此分开的。

所有大张旗鼓的离开不过是虚惊一场。真正决定了要走的那次，只是挑了一个风和日丽的早晨，裹了件最常穿的大衣，连关门都没有一点声音，然后再也没有回来。

一

Betty 和大学男友恋爱 3 年。女生貌美，男生学霸，妥妥的毕业就结婚的节奏。可大四那年，男友和一同实习的一个女孩搞暧昧。

骄傲的 Betty，列了男友和那女孩的十几条罪状，做成了海报，打算复印几百张，全校张贴。Betty 在男友宿舍楼下等了几个小时，同宿舍的人下来说他不在宿舍，但 Betty 不信，她知道他就在楼上，他不愿意见她。

当晚，Betty喝得烂醉，在校门口的烧烤摊，她拉着我说："你们以为我气他劈腿，其实我更气自己傻。刚刚在一起的时候，他还是个会穿红T恤配墨绿色裤子的愣头小子，是我告诉他穿白T恤更精神，裤腿挽起露出脚踝更好看。这几年他不管是竞选学生会干部还是参加比赛，演讲稿都是我熬夜给他写的。"

Betty哽咽得没有再说下去。我知道，她委屈，明明自己用心经营的感情，怎么轻易就被别的"小妖精"击垮了，明明自己一手"培养"的男友，被别人截了胡。是的，不甘心，换作哪个女孩都会被气得跳脚。

不过最后，Betty也没有真的张贴海报，而是选择了江湖路远，一别两宽。

7年后的现在，我们再提起当年的事，Betty笑得直不起腰。"那时候真的是年纪轻，觉得辜负了我的人，也要让他不好过才行，至少要扇他两个巴掌，踢他两脚才算出了气。不过想想，有什么用呢？"

常有女孩私信我，痛斥男友，大吐委屈，最后都免不了问我一句："特特，我该怎么办才好呢？"

怎么办？当然是抓紧一切可以塑造自己的机会，过得比他好啊。

就像Betty，换了座城市实习，认真工作和兼职，把那段绝望的日子熬了过去并且过得风生水起。Betty现在是国内知名电器品牌的大区经理，有房有车有存款，平日是穿着高跟鞋坐在写字楼里的金领，假期的时候是坐在异国街头晒太阳的女文青。至于当年劈腿的男友，我们没有去打听他过得好不好，倒是这两年常常看他点赞Betty的朋友圈，或是评论“越来越漂亮了”“恭喜又升职了”之类的。

那时候的我们啊，恋爱时他是天下独一份，分手时恨不得除之而后快。我们甚至会撂下狠话“往后每一天我都祝你过得不好”“你伤了别人的心迟早是要还的”，像是愿意用一切代价，让他过得不好，才够痛快解气。

可是，当那些让人脊背发凉的诅咒说完之后呢，他还是一样过着他的生活，半点未受影响。

对于后来的我们来说，或许正是曾经错过了谁，才找到了后来自己更想要的人生。

最可怕的不是前任，而是找不到自己。

一个女孩的奋斗，即使一开始是前男友驱动，努力着努力着，也会变

成自我驱动，而前男友这个原点，早在不知不觉中被抛到了九霄云外。

一

那天逛宜家，我在地毯区碰到了前任，不夸张地说，我当时就好像看到诈尸一样，估计他也是一样的感觉吧。

我们分手的时候，我刚到这个城市工作，暂住在同事家，每天下班后要去看出租房。实习期，没有积蓄、没有朋友，一个人孤零零的，他偏偏在那个时候提了分手，理由有很多，烂俗的理由是双方性格不合什么的，其实分手的理由一般都是借口。我当时无心跟他拉扯，很干脆地删除了他的一切联系方式。

后来听共同的好友说起，原来他与我分手前就认识了别的女孩，我没去过问细节，尽管朋友替我打抱不平，觉得我应该是被劈腿，被骑驴找马了，我也没再去深究，也没有深究的资格，过去就过去了。

说实话，这几年我过得还蛮好的，慢慢有了自己的圈子，有一帮热闹的朋友，有明确的努力目标，首付了一套房子。

如果不是身边有人提起，有时候真的想不起来还交往过这个人。就像，某个人从你的世界消失了，但还是会从别人的口中听到这个曾经让自己脸红心跳整整两分钟的名字。那种感觉就像水煮鱼里的豆芽，明明菜单上没有，你也没点，但就是会出现。也可能是因为我一直在往前赶路，连回望过去的心思都没有过。

碰到就碰到喽，转身就忘了。谁知晚上到家没多久，微信显示新的好友申请，是他。他还故作轻松的语气：好久不见，今天看到你差点没敢认，你变得更漂亮了。头像还是大学时我们一起用过的情侣头像。顶着这个头像来加我微信，也是令人呵呵了。

不过我看到后，随手就拉黑了他。我甚至都没有考虑过通过他的好友申请，打听一下他这几年过得怎样，朋友圈发了些什么。

我对自己的态度有点惊讶，毕竟他是我整个大学四年唯一喜欢的男孩子，如今自己内心竟然毫无波澜，对他如此冷漠。

我把前任加我微信的事告诉了闺蜜，从闺蜜那里得知，原来前任上个月分手了，女朋友去韩国整容回来后搭上了个富二代，把他甩了，而且最近他工作事业也受阻。我心里感叹：苍天有眼！

可能我见识少，我真的不懂，当年被绿被甩的是我，主动离开的是他，现在干吗又回头关注呢？难道是觉得当年伤害值不够，还想来补几刀？

闺蜜说："这你还真是不懂了，凡是回头的，一般都是当时主动提分手的那个人，因为他在心理上有种优越感，觉得自己一旦回头，对方还会包容接纳他。"

“哪来的自信？去认识新的姑娘啊，吃回头草太没出息了。”

“大概是因为他过得不顺心吧，过得好的话肯定没空搭理你。他要是能撩到白富美，会回头试探你吗？”

我使劲点点头！

想起那句老梗：一个好的前任就应该像死了一样。

嗯，安安静静做个“死鬼”才是体面，不要自己过得不如意了，仗着人家曾经喜欢你，就回头打扰。说好听点是旧情难忘，其实本质就是自私。感觉自己不被爱了，被抛弃了，就要回头找过去的人拿回被偏爱的特权，对于自己当初是怎样伤害对方的若无其事，这样骨子里全然不考虑对方感受的人，干吗要理他呢？

过去了的人就像发霉了的面包、发酵了的牛奶、隔夜的茶，不管当初有多美好，已变了质，恢复不了当初的面貌。

当那个人回头时，我们自己在心里要好好掂量一下，值不值得为这个人再犹豫一回。不要说你不知道，你心里明明就有答案。如果不值得，请无视。就像那句，“别和好，会重蹈覆辙”一样，听起来简单粗暴毫无道理，但实际却说中了很多结尾。

曾经的我确实深深爱过，后来的我终于让这一切过去，不再对谁隐瞒，不再因为谁而否认，诚实且坦然。这便是我在你那里得到的最好的成长。

一

有时候会想想，爱情这件事真是让人头疼。

爱的时候要花心思花时间去了解感受一个人，腻过甜蜜，熬过争吵。若没能圆满，分手后又要尽力忘记这个曾言之凿凿爱你不变却提前离场的人。你不知道关于他的东西哪一天会不小心掉落出来，让你的心"咯噔"一下，也不知道他会在哪一刻突然出现在街角，"叮"的一声打开记忆盒子，翻腾出过去美好或糟糕的岁月。

谁没有过在微博中循着蛛丝马迹，偷窥前任现女友的经历。哪怕我们心里明镜似的，这人早与我无关了，却还是忍不住去瞧瞧没有我的后来，他究竟过得怎么样。

总以为来日方长，总以为说再见这回事很容易，但到头来，你才知道，爱情里的再见，不是什么真正的悄无声息，而是自己熬过了那么多深夜，换来了一句"我放下了"。

有的人，放下是懒得追忆。可能某一天，起床时阳光明媚，心中往事就像是一摊水迹，蒸发得无影无踪。有的人，放下是波澜不惊。跟旧的人在街角重逢，笑一笑，无须开口寒暄，更不必说别来无恙。有的人，放下是从头生活。重新出发，公路尽头撞见彩虹，打算分享的人换了一个。

反正这一生，我们会对很多事情怀有遗憾，可总有一天，你已经分辨不出来哪件更难过一些，哪件更刻骨铭心一些。

那些曾经让你夜不能寐的，都会变得无关痛痒。你只需好好地过，等这一天悄悄降临，等你真正成了过来人。

故事有圆满也有遗憾，但是感情的事，谁又能说得清呢？两个人谁都没有错，如可以，只希望在爱情里认真的人，余生都能觅得良人。

或许，你今后不会再像年少时喜欢他那样去喜欢一个人了，但会记得自己曾经喜欢他的感觉，又甜又酸。但凡是经历，都是你人生的养分。分叉的头发记得剪掉，离开你的人，就让他走吧。不必再苦苦追问，他们也会成为别人世界里的后来人。

没有句点已经很完美了，何必误会故事没说完。毕竟，爱情和人生，都要试错。

我们也正是在这一次次的试错中明白，失去和告别是成长的必修课，所有的午夜梦回，所有的年少纯真，仍会历历在目，但你已经往前走了，不需要再触摸了。

对前任最好的告别，是你过得好与不好都不必让我知道。爱过就够了，余生就算了，这一世的缘分已尽，我很好，你随意。

勿扰。

扎堆综合征

有效的社交是
等价交换，
不必假装抱成一团

当代人为了谋求社交的简洁有效，
必须让自己显得容易相处，
在音乐节甩头，在游乐园排队，在庙会踩别人脚后跟，
显得和许多人热络，从而丢失了一部分真诚。
究其原由，只是表达得过于仓促。

想交的朋友太多，想让全天下都是你的朋友，
就会出现一个危险的事，
那就是你可能一个朋友都剩不下。

倒啤酒的时候杯子上面总有一层泡沫，看似一大杯酒。但抿一口却发现全是空气，有时候人和人的关系也是。社交其实是一个充满风险的过程，尤其是经营一段关系，这也是我们生活中始终无法放弃的一环。

Lisa 毕业那年，很多“过来人”都告诉她要多交朋友。

于是，从进入公司的第一天开始，Lisa 就忙着去认识每一个人。变换着高档衣服、妆容精致跟不熟的人尬聊，堆砌着僵硬的笑容，生疏地递上名片，这些肯定是少不了的了。但是对 Lisa 来说，这些还远远不够。

Lisa 在人力资源部，于是只要有 HR 大 V 的聚会，她都会去参加，希望能抓住每一个认识“大神”的机会。可惜在聚会的过程中，很多高管聊的话题她都插不上话，只能全程尬聊和堆砌奉承的笑容，时不时拿起红酒杯说：“干杯！”

不过即便如此，也未能让 Lisa 对社交的热情减少半分。很长一段时间里，她的朋友圈不分享生活，只有参加各种聚会以及和某某大咖的合影。

一年下来，Lisa 看似认识了很多人，加了很多 HR 高管的微信，积累了一些人脉，谁转发了行业资讯，谁发了几张照片，都要点赞，生怕自己错过别人的动态。

那时候Lisa常常劝我，光写没用，也需资源和人脉。我也确实为此做出一点行动，线下活动的时候和陌生的人攀交情、谈合作、打交道。别人一见面都能表现出毫无违和感的亲昵，仿佛上辈子走散的姐妹，我呢，只能勉强挤出几个不可爱的笑容。

慢慢地我发现，那些活动对我的益处可以说是零，因为转身离开会场后，我和他们就没什么联系了。

某天中午，Lisa打来电话，气呼呼地说所谓的成功人士都有一张冷漠虚伪的嘴脸。

原来是她们公司需要一个活动场地，合适的地方一周内都被预订出去了。她想通过朋友圈里的朋友帮忙联系一个场地，通过微信发给了几位朋友希望他们可以帮忙。可令Lisa没有想到的是，有人说不认识这方面的朋友帮不了忙，有人连一个字都懒得回，只有无限的沉默。

Lisa很苦恼，明明自己已经很主动地跟大咖们产生了联系互动，可是为什么第一次求帮忙就如此凄凄惨惨。

“在他们心里，是不是根本就瞧不起我这种职场小白？”Lisa语气失落。

“我不知道他们是怎样的人，但人是世俗的，如果你觉得他们瞧不起你了，那原因只有两个，要么是你与他们之间的社会地位差距太大了，要么就是你没有和他们做朋友的等价条件。”我回答道。

Lisa每个周末都在社交，根本没静下心来进修和提升自己，核心能力没有精进，你认识了大咖又能怎么样呢？你还是无法与他们并肩，只能在后面追着。就像如果我把写东西的时间用来社交，等到真的有机会的时候，我无法证明自己的写作能力，再好的机会也跟我无缘。

如果自己不是跟大咖们一个水平，他手上的资源不会因为跟你吃过几次饭、碰过几次杯就流到你那里。社交并不能让人跃升层次，只有当你真正变优秀了，跟那些牛人在同一个层次，你的社交才能真正有效。

圈子是等级森严的，所谓有效的社交一定是资源对称，能等价交换，彼此能愉快交流，能看到利益前景，有来有往，否则等待你的只是冷漠的白眼。

二

证明你拥有的人脉，不是你朋友圈里有多少和牛人的合影，而是当你遇到问题时，有多少人愿意帮你；决定你朋友圈层次的，不是你和谁握手拿到名片，而是你自己有多少本事。

人脉不在别人身上，而藏在你自己身上，唯有你变得厉害，才能交到厉害的朋友。

别错把认识等同于认可，更不要将人生的转折点寄希望于通讯录，再多大咖的名片也换不来一个面试机会，打再多招呼也未必能拥有一个真心朋友。

就算你看起来诚心诚意，出钱出力，就算你苦心经营，变着法地攀上高枝。可结果呢，除了更长的通讯录，更吵的微信群，更多的微商之外，你什么都没有得到。

20 岁的时候，我们以为多个朋友就会多一条出路，等你到了 30 岁就会知道，朋友和爱情一样，都无法真正地拯救你。

人的一生，大部分的时间都是独处的，所以不管愿不愿意都得接受现实。为了让自己显得不那么低级就去参加各种社交，让自己融入根本就不喜欢的圈子，说着违心的话，喝着伤身的酒，这样的社交，与其说无用，不如说是在浪费时间。

别去做一些无用的社交了，那样不过是自我安慰罢了。费尽心思去结交那些所谓的牛人，处处赔上笑脸巴结讨好，真的就有用了吗？笑到最后的不见得都是赢家，也有可能是小丑。

只有当你真正变优秀了，跟那些牛人在同一个层次，你的社交才能真正有效。不然你那不叫人脉，叫通讯录。

一

我们拼命想挤进人堆，很多时候不过就是想做个合群的人。

前阵子热火朝天的世界杯大家都知道吧，看到有个姑娘在朋友圈刷了几条关于C罗的消息，好奇的我问了她一句："以前怎么不知道你喜欢足球呢？"

她很快回我说："我不喜欢看球赛，就是最近午餐时间同事都在讨论这个，感觉自己跟他们没话题聊，所以今天才回来熬夜看球。"

"哈哈，原来是个伪球迷。"

"是啊，没办法。"

闺蜜前几天跟我吐槽自己的男朋友。

以前每天下班后，两个人会一起逛公园，或者去健身房流汗。闺蜜有段时间学摄影，周末的时候男朋友会开车带她出门采风，全天候当模特当助理。

可是他男朋友最近下班回家，既不加班，也不陪她，而是抱着手机打游戏。打游戏的声音很吵，闺蜜嘟囔了几句表示不满，男友却说："你小声点，游戏里都能听见。"

晚上睡前闺蜜问他最近痴迷游戏的原因，男友表示自己对游戏也不是很感兴趣，但部门同事都在玩，组成了一个战队，他不跟着一起玩，显着太不合群。

听说没过几天，她男朋友又换了一款游戏玩，不用想都知道，肯定是同事们换了新游戏。

心理学上有种现象，叫“羊群效应”。在一个集体中待久了，从众惯了，就会逐渐丧失自己的判断，沦为集体意志的奴隶。明明是不喜欢做的事，又何必跟着伪合群？

你以为你在合群，其实只是在被平庸同化。人和人之间的区别，也许从十年前某个清晨6点就已经开始了。你将时间花在合群、迎合大家上，花在自我提升上的时间注定就少了。

说了这么多，其实不过是想告诉你，能在关键时候握住命运咽喉的还是自己，与其挤进圈子里尬聊、强颜欢笑，还不如用那个时间来打磨自己。

一旦你变强了，机会、资源、人脉就变成了你实力的衍生品随之而来，就好像你是高耸的梧桐树，百鸟自然来栖息；你是无边的大海，江湖自然来聚集。

不必硬着头皮挤进那些看似光鲜、主流、强大的圈子，当你还不具备那个圈子的特质时，挤进去，你也无法自处，刷不出存在感，找不到认同感。

更严重的是，在不适合自己的圈子里，你可能会渐渐丢失自我，迷失方向，在不自觉中被拖入平庸无聊的深渊。

为什么大家那么沉迷混圈子？

因为每个行业里总有几段成为精英的神话。每个人都需要存在感，相信自己有一天也能出头，成为那个人人抬头向往的“奇迹”。

拥有自己的能力和冷静的判断力，保持你的独特和自身价值，才是你职业路上的立足根本。

这样可能没有混圈子建人脉得到利益的速度快，但是你相信我，这绝对是一条长久之计。

一个人成熟的标志，就是明白每天发生在自己身上的99%的事情，对于别人而言毫无意义。要记得，你不需要刻意去合群、社交，去放弃自己融入集体。该来的自然会来，该走的注定要走。

在还没有找到一个合适的群体之前，一个人走，或许会更快。

到了
一定年纪，
半夜收到
‘我爱你’，
回复都是：
‘在哪儿喝呢？’

不是你变优秀了，

那个人

就会喜欢你

灾难式分手最大的伤害，并不是当时的冲击。

而是事后发现自己无论怎么努力，都没法从低潮情绪中抽离。

因为我们往往太低估心碎的能量了。

过了很久你会明白，

人生最重要的不是放下，而是认输。

接受他不爱你，而你无法也无力改变这件事，

松开那口气，承认自己输了。

并不是要你真心实意地恨一个人，

而是别因为留恋心碎，反复咀嚼曾经的美好。

有些人就像你生命里的 VIP，你总是甘愿为了他，对自己的原则一再打折。你知道吗？单恋也是恋爱的一种形式，对象是想象力。

小敏追了阿树 6 年，有些人就是这样，会爱一个人很久很久，3 年、5 年甚至 10 年。无论得不得到回复都已经无所谓，只要自己喜欢就好。

可是就在上周，阿树在朋友圈发了一张照片，照片里是一个女孩的侧脸。大家心知肚明，阿树恋爱了，女主不是小敏。

“我就是想不通，他喜欢她什么呢，我到底哪里不好了？”小敏说这句话的时候，眼神里满是失落。

小敏算得上是当今所谓的“三好姑娘”，家境好、工作好、脸蛋好。经济上独立自主，生活上有自己的朋友圈，工作上小有成就，闲暇时间还有自己的兴趣爱好。和她聊天，她会笑盈盈直视你的眼睛，认真倾听你说的每一句话，意见不同时她不会急着打断你，而是等你说完后，慢悠悠地说出自己的想法。好朋友的生日她会提前标注在日历上，精挑细选出礼物，手写贺卡，邮寄给朋友。

这样优秀的姑娘，阿树不爱她。

阿树交往的女朋友，我后来见过。真心客观讲一句，那是个很普通的女孩，放在人海里过目就忘。

在阿树的朋友圈可以看到，阿树带着女孩逛超市，女孩坐在购物车里，抱着零食，阿树一脸宠溺。周末都是阿树下厨，因为女孩肠胃不好吃不了外卖，然后笑着捏捏她的小肚子。女孩脸颊上起了一颗痘，阿树都要说：“好可爱的美人痣。”女孩记错了约会时间，错过了两人要看的电影，阿树会告诉她：“下次不要跑着来，过马路不安全。”

这样普通的姑娘，阿树爱她。

都是谈过恋爱的人，看阿树和女朋友在一起，能看得出来他们是真的很开心。那个在小敏面前不冷不热的阿树，在喜欢的人面前，变成了黏人的小男孩。

阿树承认小敏的优秀，他甚至可以说小敏是他认识的最优秀的女孩子之一，但这种承认，无关于他会因此爱上她。我看着肤白纤瘦的小敏，突然想起那句话：爱情这东西有时是一种感觉，跟个人是否优秀无关。

喜欢这件事，不是考试，不是比谁得分最高。喜欢就是喜欢，它与其他的事情都无关，是你想要跟他在一起，没什么明确理由。你想让他住进你的日常，忍不住去照顾他，你不觉得累，你觉得每一次的付出心里都满满当当装着快乐。

彼此的过去或许没来得及参与，但未来计划里一定会有那个人。你不是为了爱他而来到这个世界，但会因为他的存在，觉得不虚此行。

你可以因为一个人嘴角的弧度喜欢他，因为一个人身上的木质香水味喜欢他，因为他和你爱吃同一道菜喜欢他，因为他唱歌认真跑调的可爱模样喜欢他。于是，别人的万般优秀，都不及他。

我们不会因为优秀而被爱，爱来自荷尔蒙和磁场这些你解释不了的东西。

《绝望主妇》里有一幕，布里的丈夫跟她提离婚时说："你永远把头发梳得一丝不苟，生活处理得没有一丝紊乱，但是那个我一见倾心的人去了哪里？那个面包会烤焦，牛奶会洒一地，会放声大笑的女人去了哪里？我想她，而不是现在这个完美冷酷的女人。"

说布里是完美的主妇，估计没有人会反对，可就是这么一个完美的女人，也没能得到丈夫永恒的爱。

感情可以培养是个伪命题。如果有足够多的时间和爱就可以让另一人爱上你的话，那谁和谁都可以相爱了。爱情之所以会让人死去活来，是因为，答案都写在了彼此第一次见面那天。

—

那很甜的恋爱是什么样呢？

有人告诉我，是每天不在身边会操心对方是否按时吃饭睡觉，天热有没有中暑有没有多喝水，晚上有没有安全回到家。每次出门都会把她的充电器、钱包、钥匙和各类必用品整齐地放在包里，钱包有时候还会偷偷多出钱来。每次遇到什么事情，脑子里的第一反应，不是怎么解决，而是哭着去找他。

很甜的恋爱，不需要你天赋过人，不需要你杀敌制胜能力超群。你只需要站在那里，那个人的心就会奔着你去。

宁愿你在恋爱中变成巨婴，被宠成不能自理的傻子。

那个心里没有你的人，在你深夜失眠时，早就呼呼大睡了。在你孤独时，早已有了新欢。在你怀旧时，早就将你忘得一干二净。你整天无所事事只为等他回你消息，你省吃省穿为他花钱，你发现他不喜欢你却自动屏蔽这个信息，拼了命搜寻他可能会爱上你的蛛丝马迹。

可是，所有被爱的人都是一开始就被爱的，不是努努力就可以换来被爱的身份。其实放不下全是因为侥幸心，侥幸觉得万一呢，万一他会爱上我呢？相信我，咬咬牙正面承认“他不喜欢我”，真的没有那么难，要不了你的命。

承认了过后，你就会发现，真的没有非做不可的无用功了。优秀就没有用了吗？当然不是。你想整天躺着，等着你的意中人来敲门，也真的是白日做梦。

当你不断提高自己，你会接触到从前接触不到的层次；当你考上名校了，你身边的同学个个都是百里挑一的精英；当你很有才华，想要在圈子里找一个同样有才华也欣赏你的男朋友就不难了。

真正爱你的人爱的不是你的优秀，而是你本身，而那些一开始就不爱你的人，也不会因为你变得有多出色，就改变了想法。

优秀真正的作用，不是为了以此为筹码让那个人爱上你，而是当某一天你遇到一个自己心仪的人，你能不畏惧、不胆怯地告诉他，我喜欢你。

和需要你努力才爱你的人在一起，有一个朴素的问题：当你们相爱时，你得继续保持着努力的姿态，时间一长，你获得的就不是爱情，而是一份甲乙方合同。

过了很久你会明白，人生最重要的不是放下，而是认输。接受他不爱你，而你无法也无力改变这件事。松开那口气，承认自己输了，然后继续往前走。只有这样才不会念念不忘。

你要知道，你被爱被接受不是因为完美，而是因为你就是你。

故事还长，别着急失望。

塑料友谊

成年人之间，

说话记得带脑子

相比起那些处心积虑的伤害和有意的激怒，
因为没有分寸感而产生的纠纷更让人头疼。
说吧，好像小题大做，不说，却又如鲠在喉。
作为带脑子出来行走的成年人，
行为和言语不给别人添堵是基本素质。

年轻的时候，再多的误会我们也愿意用尽力气去解释，
去问一句“为什么”，
大不了吵一架、打一架、哭一场，也就和好了。
长大以后不一样了，我们的精力和时间有限，
我们再也不愿意被人无故冒犯，也不愿轻易和解。

“有趣的灵魂”这些年成了热门词。

我觉得灵魂做不到有趣也没关系，至少安静就好，最怕的是无趣又闹腾。

一位好友筹备新专辑，问我有没有兴趣填词，便约了个时间出来聊聊。席间，我手机屏幕一直亮个不停。给我发微信的是大茹，从高中毕业后就再没见过面的同学。前段时间同学聚会，于是再次有了联络。

我们心里都知道，过去再要好的同学，经年不见也难免生疏，彼此的状况也都没什么了解。现在她在哪座城市，做什么工作，有什么样的开心和烦恼，我一无所知。

同学聚会之后，大茹貌似单方面热络了起来，常常向我倾诉自己感情和事业的不顺。比如男朋友想去上海发展，异地恋的话怕男朋友会分心，再比如公司经常要求周末加班，让她没有自己的时间等。

我在安慰人这件事上没有天赋，每次只会像老好人一样打着圆场：“别想那么多了……恋人之间要多沟通……”“其实加班这种事很平常的，你付出的每一分钟其实都是在丰富你自己……”

我因为正在跟朋友谈事情，以为暂不回复的话，她应该就不会再一直说个不停，可事实并非如此。朋友提醒我：你先回复一下信息，我们再聊，不急的。我礼貌地寒暄几句后，跟大茹说明了情况，说晚点回她，然后再没顾得上拿起手机。

晚上回到家已经 9 点，发现家里的狗狗不知什么原因呕吐了几次，并且没什么精神。我慌慌张张拿起钱包和钥匙，抱起它就往宠物医院赶。化验、等待、打针，一直折腾到晚上 11 点才回到家。

我洗完澡瘫在床上的时候，才想起拿起手机来看。发现大茹发来了 41 条消息，是 41 条，你没看错。开始是问一些我的近况，说到上学时候的事，又问我可不可以帮她妹妹介绍一份工作。到最后，我隔着手机屏幕都能感受到她愤怒的质问："听说你这几年出了书，果然是牛起来了，对老朋友都不理睬了。再过几年是不是都不认识我们了？"

我打了几行字想要说明晚上的情况，写了又删，删了再写。最后，我选择不回复，直接把手机扔在一边，关灯睡觉了。

在她想要跟我一起回忆过去的时候，我在和朋友交流事情。在她提出希望我能帮她妹妹介绍工作的时候，我正疲惫地挤在地铁里。在她讽刺我不念旧情的时候，我正抱着我的宠物狗在医院担心着。但我知道，这些都不必跟她解释。

我没有忘记，从前上学时，她会每天早上在我家楼下等我一起上校车，会在我回答不上来老师的提问时，偷偷告诉我答案。这些记忆在我心里被贴上永恒美好的标签，但生活推着我继续往前走，我愿意同她忆青春，但不是在我忙着应付当下生活的时候。

年轻的时候，再多的误会我们也愿意用尽力气去解释，去问一句“为什么”，大不了吵一架、打一架、哭一场，也就和好了。长大以后不一样了，我们的精力和时间有限，我们再也不愿意被人无故冒犯，也不愿轻易和解。

识趣的人，常常能恰到好处地处理人际关系的临界点。相反，如果一个人缺少了识趣的敏感力，说话处世少根筋，不掌握尺度，就易惹人生厌。

我们应该明白，或许别人可以忍受你的叽叽喳喳，忍受你的放纵不羁，甚至可以原谅你的无端猜测，但没有人会对你的无知无礼丝毫不介意。

很多人真的用不着去买蔡康永的《说话之道》回来看，《小学生日常行为规范》麻烦了解一下。

一

世界上最不会说话的人，一定少不了“男朋友”这个族群。

赵姑娘就经常被不会说话的男朋友给气哭。两人日常如下。

早起来不及吃早饭，上班路上赵姑娘有些晕车，嘀咕着：“又头晕又想吐。”男朋友接一句：“哈哈，叫你早上不好好吃饭，跟你说了多少次了，现在怎么办？”赵姑娘明明是求安慰，却反倒被数落了。

双十一打折，赵姑娘连夜趴在电脑前抢购喜欢的包包，“真的打了5折，便宜了300块，是不是很划算？”男朋友回：“你还能聪明过商家？估计这包也就值200块。”购物带来的愉快，瞬间被男朋友浇灭。

两人买了电影票，因为时间有点来不及，赵姑娘跟司机说：“麻烦您开快一点可以吗？我这电影票不能退，谢谢您了。”男朋友接一句：“怎么不能退，开场前15分钟都能退。”赵姑娘回头狠狠瞪了男朋友一眼。

赵姑娘带男朋友和闺蜜吃饭，点菜的时候闺蜜说“你们点，我最近吃得少，再说我也不挑食。”男朋友来一句：“少吃点行，你比去年是腰粗了一圈。”赵姑娘一脸黑线，闺蜜脸上笑嘻嘻，估计心里“去你的”。

饭后两人想送闺蜜回家，闺蜜朝赵姑娘使了个眼色说：“不用啦，我自己去旁边商场逛逛再回家。”赵姑娘立刻明白，估计闺蜜是约了小哥哥逛商场吃宵夜。男朋友说：“女生晚上自己回家怎么行，快上车，我俩给你送回去。”赵姑娘拽着男友：“就让她自己逛去吧，没事的。”男朋友这时候不知道从哪来的谜之正义感，怎么劝说都不行，非要把闺蜜送回家。闺蜜扭不过，只好不情愿地上了车，三人在车上一路尬聊。

恋人是这个世界上心离你最近的人。可明明一些芝麻小事，不会说话的恋人却偏偏给你拆台，给你当头一棒，给你泼冷水，给你讲噎死人的大道理。那还谈什么恋爱？拜把子做兄弟好了！

二

还有不少苦口婆心看似为你好的人，但这一点都不影响他们招人烦。

比如我以前的同事H，心眼不坏，就是说话总是给别人添堵。

有位同事的父母自驾西藏游，午餐时大家聊起布达拉宫与佛教文化，H不合时宜地蹦出一句："让你父母注意点高原反应，很多人去了都回不来了。"那位同事的脸色立刻变得不好："别说这种不吉利的话，我父母一行很多人，不会有什么危险。"H这时候还没察觉自己的话里有什么问题，又补了一句："真的，高原反应厉害着呢，那边医疗条件不行的。"同事们纷纷觉得气氛尴尬，话题无法继续。

办公室里有位女同事今年30岁出头，一直没找到合适的结婚对象。如今经济独立、精神生活丰富的单身女性不在少数，这并不是什么稀奇的事。可每次聊到婚姻话题，H 都要拽着这位女同事说一番“为她好”的话：“现在的小姑娘一个个娇滴滴的，嫩得可以掐出水来。你再不抓点紧，以后找个离过婚的男人，可能直接给人家孩子当后妈了。”

H 发表完她的肺腑之言后，女同事显然被 H 的话吓了一跳，找借口走掉了，大家在旁边也都一脸无奈。

H 是故意戳同事痛处吗？其实并不是，不过她对同事的好言相劝不仅没有起到关心安慰的作用，反而让对方心生厌烦，关系越来越疏远。

关心身边的人没有错，但真正有效又舒服的关心，并不只是站在自己的立场去关心，而是要换位思考地去关心，能将心比心地站在别人立场想问题，更要先一步想到说出口的话会造成的后果。

很多时候，我们的嘴需要一个撤回功能。人与人之间，总是很难把握这样一个度。这个度关乎情商，关乎敏感度，稍不留神过了界，就会让彼此都觉得不爽。所谓的说话记得带脑子，估计就是这个意思吧。

二

与人相处久了，就会发现识趣很重要。仔细想一下，我们身边都有那么一种人，无论别人做什么，表达什么，不掂量跟对方的关系亲疏，总要自以为是地评论一番。大到人生抉择，小到穿衣吃饭，都要发表一下意见。

你要是晒了男朋友送的礼物，他会说："女人经济要独立，不要什么都靠着男人。"

你换了件风衣，涂了口红，他必定会阴阳怪气："这是要去相亲吧。"

你说自己不吃鱼，他就会甩给你一句："那是你没吃过好吃的。"

你感冒头痛趴在桌上小憩，他认定你昨晚去了酒吧。

诸如此类，你也说不准他们是闲着没事，还是古道热肠，反正他们就是要在你心上添个堵，而且根本不会对自己说的话负责。对于我们来说，只剩下一句"滚"在心底翻腾不已。

这样的人像是柠檬精和杠精的结合体。形容一个人说话酸，总是用各种角度把别人酸得一无是处，其实他自己的人生才是最菜的，而且没有想要进步的意思。

千人千样，立场不同、所处环境不同的人，很难明白对方心中真正的感受。何况每个人都有自己的故事，每个人都是自己故事里的主角，不管故事是平淡无奇，还是曲折坎坷，如果没有按别人生活的路径走过一遍，其实根本无法理解别人现在的行为。

懂得自己在他人心中的分量，懂得察言观色，懂得适可而止，也懂得自己想要的是什么，合理索取，不过分、不矫情、不歇斯底里。这不是什么八面玲珑、圆滑世故，而是把每一个交流的人都放在了心上，尊重和善待。

人际相处，成败都在一个“度”上，这度其实就是识趣。懂距离知分寸，才能长久。这距离和分寸不是疏远，也不是冷落。正如那句老梗“距离产生美”，唯有这样，我们才能尊重自己在意的人，才能安稳妥善地保护好我们之间的感情。

做一个有趣的人的确很难，做一个识趣、懂点事的人，没那么难吧。

“

‘晚安’

的意思就是，

我今天

打烊了，

不对外

营业

了而已，

跟睡不睡觉

没有关系。

”

花式催婚

对孤独妥协，就是对自己的不尊重

你问我孤独是什么？
我告诉你，一瓶 450ml 的吊瓶里有 5971 滴，
医院的凳子上有 4234 个孔。

可单身的人仍然拥有一种独特的体面，
那就是不用把心放在另一个人身上，
颤颤巍巍，时刻担心，小心易碎的体面。
他们没有把自己当作促销货架上过了赏味期限的食品，
也不愿成为别人精神世界里的“创可贴”。

总有一天，他们会找到一座精神上的住所安定下来，
但在此之前，他们还想再漂泊一会儿。

这个世界对“单身狗”的恶意是不会消停的。

比如明明是光棍们的双十一，却瞬间成了情侣间晒恩爱清空购物车的好日子。比如喜欢的那家饮品店偏偏是第二杯才半价。比如一个人去看电影，挑选的场次居然是情侣厅。再比如一个人点外卖不够起送价，多点一份又吃不了。

生活中时不时冒出的恶意也就算了，我的好朋友大美最近跟我吐槽，因为拒绝了相亲的男生而被同事和亲戚“批评”了。于是，“你年纪也不小了，再挑就要30岁了”“小姑娘眼光不要太高”“你还真想当剩女啊”类似这样的话在大美耳边“嗡嗡嗡”的响了一周。

大美一脸不开心地问我：“亲爱的，我27岁单身怎么就碍着他们什么事了？”

我笑了笑没说话。在很多人眼里，女生过了25岁还保持单身的话，就像货币贬值，再不消费就来不及了。

大美在外企工作几年，升到部门经理的位置。和朋友合伙开了一家书店，难得清闲时，她会去店里磨咖啡做小点心给来阅读的顾客品尝。她还喜欢运动，是国家二级羽毛球运动员。年假的时候会和几个闺蜜约好时间，出国走走，去看没见过的风景，感受不曾知晓的文化。这一个人的小日子，过得也算又酷又惬意。

从她的口中，我打听到她拒绝的那位男生，平时下班后的自我生活几乎为零，宅在家打网游是最大的爱好了。大美努力想找可以一起聊的共同点。跟他聊起电影，男生说情节都是唬人的，不如在家看看抗日战争片。大美跟他提到旅游，男生说旅游费钱费力，一年一次省内周边游就可以了。

听到这儿，也就不奇怪为什么接触几次后，大美对他开始变得冷淡。男生也会向介绍人抱怨大美对生活品质要求过高，不够贤惠。

我问大美："那你会有很想快点嫁人的时候吗？"

"当然有。"大美脱口而出，没有半点犹豫。"一个人去吃火锅被很多异样的眼神看着，在电影院买了饮料爆米花后想去厕所无人接手，逛街看到可爱的玩偶没人帮忙拍照，这些想立刻找个人嫁了的瞬间太多了。可是呀，那个几秒钟的冲动一过，我还是不想将就。"

可能在一些人眼里，单身就意味着自身魅力不足找不到恋人，可我见过很多拥有漂亮脸蛋和迷人身材的姑娘一个人活得有声有色，本身就有趣的灵魂从不指望另一半为自己带来生活的改变和快乐。

那些不见"爱情"不入"墓"的单身青年们，倒是有些可爱可敬之处。因为他们宁缺毋滥，不将就。他们没有把自己当作促销货架上过了赏味期限的食品，他们宁愿做一只"单身狗"，也不愿成为别人精神世界里的"创可贴"。

如果你愿意，仔细想想你身边的单身男女，他们还真不是“狗”，而是物质富足，精神独立。单身对于他们来说，并不是急需解决的毒瘤，只是一种生活状态而已。

谁说单身一定要跟空虚寂寞冷沾边呢？在爱情像快餐一样被随意消费的年代里，那些面对孤独和闲言碎语仍然毫不动摇的人，才值得点赞吧。

一

这几天一直在下闷热的雨，空气中弥漫着潮湿。我在家里一个字也写不进去，晚上便约了桃子去吃日料，期间两个人喝了一点小酒，在微醺的状态下说了一点心里话。

我问桃子，为什么单身那么久，还不开始新的感情呢？还是因为他吗？

桃子摇摇头，告诉我，总觉得以前的自己活得不够尊重自己，总是把太多期待放在恋人的身上，一投入到感情当中就像是没有脑子的傻瓜一样，毫无节制地想要去付出全部。现在呢，更多的想取悦自己，花时间爱自己、丰富自己，这样自己才会多一些底气。

桃子上一段的感情，我知道始末。

那时候桃子一个人刚到北京不久，没有圈子，每天只在公司和家之间来回折返，其实也算不上是家，不过是公司附近便宜租来的房子。一同进公司实习的一个男孩同她住一个小区，慢慢就顺理成章一起上下班。男孩对她照顾有加，桃子心里知道对方不是自己喜欢的类型，但被照顾的感觉，真的让人很难拒绝，不是吗？

在一起一年后，男友工作能力出众，晋升很快，桃子就辞了职在家，专心收拾家务，安心追剧，当然从男友手里拿零花钱也是少不了的。

那段时间，她把爱情当成了生活里的全部，因为男生的工作忙，还要经常出差，她经常会疑神疑鬼，患得患失，弄得两个人过得特别不快乐。

后来男友因工作安排，需要去英国进修两年，借此提出分手。她一度情绪崩溃，没有存款，没有工作，没有自己的住处，不得不在朋友家借住，度过了人生里最黑暗的 3 个月。

不过值得庆幸的是，她没有颓废很久，投简历找工作，之前算是有点工作经验，重新起步没那么吃力。而如今距离那段感情已经有两年的光景，现在的她更加成熟和独立，成为大多数姑娘都会羡慕的那种女生。她现在提起前任的时候，特别的云淡风轻。有些人的出现，就是为了让你成长，让你自我反省的。

好姑娘该有的恋爱观，一是不因寂寞而随便开始一段感情，二是保持自我和经济的独立。

单身的人仍然拥有一种独特的体面，那就是不用把心放在另一个人身上，颤颤巍巍，时刻担心，小心易碎的体面。

一

我看过这样一段话：我们这辈子面对爱情的能力是有限的。我们初恋的时候，可以满心欢喜地付出和去爱一个人；第二次就会因为上一次恋爱时所受的伤害，不多不少地都开始有了警惕；第三次恋爱的时候，便开始权衡利弊，也害怕付出，因为害怕受伤，害怕开始，更害怕结束。

到后来，你好像再也不知道怎么去谈一场像样的恋爱了。明明已经在爱情上身经百战，怎么到了最后，却开始不懂怎么去爱了呢？所以，很多人总说不相信爱情，其实哪里是不相信爱，只是不相信自己了。

寂寞时谈的恋爱，也改变不了孤独的本质。

一段随随便便开始的恋爱，一段因为填补寂寞而在一起的恋爱，对两个人来说不过都是辜负和伤害。

迁就和磨合，是相爱才能做到的事。交流与沟通，是相知才能做好的事。因空虚才随手抓住的爱，是对孤独的恐惧和妥协，那其实就是怂了。

因为害怕一个人生活，就开始一段恋爱也不是不可以。但是这样建立起来的爱情，未必会幸福。你想，度过短暂的甜蜜期后，只因为寂寞而在一起的副作用会渐渐显现出来：

你确实不用再一个人去吃饭，承受别人的窃窃私语。但是你和他会因为各自的口味差异而互不相让，或者在用餐的时候，一方并不愉快，从而导致两个人无话可说。

你看完了一部电影，觉得在你心里是可以排进年度十佳的电影，你迫不及待地想跟他交流和分享。但他正跟队友一起在打游戏，根本没空理你。

你计划买户外用品和他一起去登山攀岩，他觉得家门口的公园随便跑跑就好，都是运动，没必要使劲折腾自己。

渐渐的，你的爱好，他都不置可否。他感兴趣的事，你也提不起兴趣。就连争吵，你都懒得吵了，因为吵不出结果。他每天就睡在你旁边，可你依旧觉得自己是一个人，半夜醒来，你也不想抱他。只是盯着天花板，感觉到凉进骨头里的孤独。

因为寂寞开始的恋情，大抵都会这样。

曾以为，世界上最糟糕的事就是孤独终老，其实不是，最糟糕的是与那些让你感到孤独的人终老。相比起恋爱里的孤独，单身的孤独实在是很浅很浅了。

一

每年春节，我难免要面对亲友的目光，或许你们还小，或许你们已经成家，或许你和我一样，还不知道自己想要什么。我们难免被问到，你何时结婚，你稳定与否？我不知道为什么，看了那么多视频和广告，很多女孩子会哭，哭着说坚持自己的内心，却觉得对不起爸妈。

真的不是这样的，你已经学到了那么多，为何觉得对不起谁？你勇敢坚强，你懂得选择，拥有独立人格，为什么要哭着说“对不起”？

单身的女生并不是不追求爱情，相反，她们的单身是对自己的负责、对爱情的负责。她们不愿意谈低质量的恋爱，比如那种两个人面面相觑，在闹嚷嚷的小饭店，各自问过口味后，就埋头敲手机屏幕的恋爱；再比如那种工作一天回来后，像合租一样，各自洗澡，一个随意播着电视，一个看着自己 iPad，没有交流，没有喜恶。

她们喜欢把时间花在和姐妹聚会和丰富自己上，不愿意把时间浪费给会消磨自己的不良爱情。她们相信缘分，虽然缘分这词很老旧了，可感情这事，谁不是在等待着缘分将那个和自己合拍的人牵到自己身边呢。

《生活大爆炸》里，天才谢耳朵给朋友的结婚祝福是：“人类终其一生必须找另一个人作为伴侣的行为我始终无法理解，但我祝你们从彼此身上获得的乐趣，跟我从自己身上获得的一样多。”

活得热闹的姑娘，她爱上的人，内心一定不能是贫瘠土地。有趣的人懂得自己哄自己开心，这种开心要么自己一个人维护，要么找个同样段位的爱人，让快乐翻倍。

年轻有趣的单身者，是不是“狗”，别人无权判定。他们只想找到一颗同样披戴光环、永远热切饱满的灵魂。

请你相信，好的事情总会到来，而当它来晚时，也不失为一种惊喜。

敏感型性格

不要为敏感
而感到羞耻，
它是一种天赋

过于敏感的人仿佛全身都是引爆点，
不知道扯到哪一根线就炸了。
我们需要学会的不是如何避免性格敏感带来的伤心，
而是如何在失落中找到意义，
并且把消极转到积极的那一面。

敏感型性格虽然会给人带来不必要的困扰，
但其实也潜藏了极好的特质和优势。
你要知道，心碎和快乐一样有价值，都能带来能量。
我们要接纳自己的敏感型性格，
并与它共存，而不是过于抵触它，
更不能盲目扭曲它、改变它，最终导致适得其反。

黄小姐又又又又又失恋了。

几个朋友陪她在酒吧坐着，看她一杯一杯将酒灌进肚子，欲言又止，不知该劝她什么。

黄小姐和男朋友是在朋友的婚礼上认识的。

那天他们两个人作为伴娘和伴郎，大概是借着喜悦的气氛和酒劲，看对方都特别顺眼，于是两人互换微信敲好了第二天的约会。

坠入爱河的黄小姐特别可怕：

和男朋友一起出去吃饭，对方多看了几次手表，黄小姐就以为对方不耐烦了，不想跟自己出来约会；男朋友微博关注了谁，她立刻就要把那个人的微博从头翻到尾；男朋友随便说一句“身材反映出一个人的自律”，她就认为对方是认为她身材不够好，于是天天下班回家跳减肥操；男朋友要是晚回了自己的消息，她就自己一个人脑补一场场大戏，他是不爱我了吗？我哪里让他不满意了吗？还是他身边有了其他女孩厌倦我了；等等，如此种种。

好景不长，某天黄小姐的男朋友工作特别忙，黄小姐的微信一个接着一个，质问为什么不回复她的信息。男朋友一气之下索性关机，这下黄小姐的情绪彻底崩塌。

第二天两人大吵一架，男朋友提出了分手。可能在这段爱情里，黄小姐要爱对方多一点，所以才会自觉有些卑微，或许需要两人更长久的相处，来增添一些彼此信任的砖瓦。

但破了洞的气球，很快也就干瘪了。

敏感的人其实很惨的，光是活着，每天都要受一千种细小的折磨，因为有太多日常小事情会让敏感的人感到孤独、担心和不自在。你永远都不知道情绪的下一个波浪来自哪里。

敏感的人太容易感受到不被爱了。一个事实是，不敏感的人觉得没什么的事，敏感的人真的很难放下。

之后很长一段时间，黄小姐会在凌晨两三点发朋友圈，颜色晦暗的配图和一段失落的文字。

每天想方设法从周围朋友那里打听对方的消息，对方有没有和朋友提起她？有没有交往新的女朋友？再后来，黄小姐在朋友圈消失了好一阵。

再和她见面，是半年后在西安。

夜晚，我和她晃荡在到处是美食的步行街上，她猛吸了一口甘蔗汁说：“亲爱的，我知道自己是一个浑身都是敏感神经的人，可我改不了，我只能慢慢接受这样的自己，在一次次敏感里修正自己，用一次次细小的心碎来给自己力量。”

黄小姐说这些话的时候，眼睛里闪着微微的光芒。我替她开心，她在难过中找到了积极生活的意义。

我们需要学会的不是如何避免性格敏感带来的伤心，而是如何在失落中找到意义，并且把消极转到积极的那一面。一边流泪，一边变成更好的自己。

二

敏感在爱情里是难搞的问题。

一段理智的爱情，是两个人的时候有彼此，一个人的时候有自己。

当代人的爱情是有开关的，不可能全天候泡在爱情里。有朋友说她和男朋友是异地恋，即便是很思念对方，她也没勇气拎着包飞到他的城市，满满占据他几天的时间。只觉得陪他一两天已经是惊喜，时间久了侵占他原本的工作和社交生活，就像“谋财害命”似的。

当那个人不在你身边的时候，你可以更努力地工作、看书、听歌、健身，你悉心照料属于自己的这片花园，好在下一次相遇的时候，可以发现彼此都变得越来越好，直到两个人在别人眼里看来都发着光。那这段爱情，就是最好的爱情。

对敏感的人来说，谈一场让自己满意的恋爱是很难的。一个敏感的人，大多数时间都不幸福，因为太过在乎。在乎在对方眼里的自己够不够好，在乎今天下哪一种雨飘哪一朵云，在乎牵手的时候太冷清，拥抱的时候不够靠近，在乎会不会不定期失去他。

性格上的事儿，没办法说它是对是错。

我本身也是性格敏感的人，但也正是敏感，让我感知了更多生活的细节，帮我更好地体验情绪，与别人更好地沟通。每当我遇到让我没有安全感的事情，在每一个伤感和担心搞砸的瞬间，我就会这样告诉自己："没关系，大不了就当是积累写作素材了。"事实证明，每一次心情跌落到谷底的时候，我都会用文字一点点记录下自己每一秒的感知，回头看，很多我喜欢的、会反复读的文字，都是一次又一次细小的心碎换来的。

这个过程并不愉快，更不舒服，但我必须承认，这是性格敏感带给我的独特的财富。

不是所有敏感脆弱的人都可以做到，但心碎的确是一种独特的力量。可能敏感脆弱的人才会明白，眼泪也是一种意义。

—

敏感的人，不光在爱情上吃亏，工作上、生活中，也会受到影响。

我在学校的时候，如果身边要好的朋友问了其他人下课要不要一起去吃饭却没问我，我的某根神经一定会紧绷；如果室友没有等我一起去图书馆，我心里肯定会暗自琢磨很久很久；如果男朋友转发了一个我不认识的女孩的微博，我也可能把对方的微博翻到底；父母无意说起单位同事家的孩子考上了名校，我会觉得是父母对念普通学校的我很失望。

公司之前来过一个刚刚毕业的大学生，中午一起吃饭时，大家爱开开玩笑，她都很认真，比较介意，也表现出了不愉快。后来慢慢的，大家就不找她逗乐了。

两个月后快转正的时候，她突然提出了辞职，并且在办公室委屈得大声哭泣。一问才知道，她觉得我们在排挤她。原因是什么呢？有次早晨上班，她看到有两个同事在离她不远的前面走，有说有笑，她认为同事也应该注意到了她。到了公司，同事开了门，等她走到门口的时候，发现门关上了，她就在心里认为是同事故意没有等她不给她留门，但其实那两位同事当时并不知道她在后面。大家知道了前因后果，都觉得好气又好笑，没想到这么一点鸡毛蒜皮的事，她都能脑补这么多剧情。

过于敏感的人仿佛全身都是引爆点，不知道扯到哪一根线就炸了。

我一直相信，老天给了你敏感这份独特的天赋，一定是希望你懂得一些道理。

多关注自己，少在意别人。人性一个最特别的弱点就是，在意别人如何看待自己。当你敏感、脆弱、无助的时候，你就会选择以更加低姿态的方式去委曲求全，去留住可能会离开你的人，也会更在意别人对你的看法。然而你回头想想，你放低身段后，真的留下过想要的吗？

别人随便说的一句话，你能当真好久。这样的人，最大的问题就是花在自己身上的时间太少，花在别人身上的精力太多。而且，其中很大一部分人，并不是你努力讨好就会领你的情，通常只会让你更加失落，甚至后悔不已。

其他人的看法和意见，大多都是无用的、无意义的，别把用来提升自己的时间，浪费在不重要的人和事上。多关注自己，多爱值得的人，少和无足轻重的人纠缠，生活才能好起来。

你喜欢的人说话的声音稍微大一点，你就感到不舒服，内心戏就开始上演了，他是不是不爱你了，是不是你哪里做得不对……其实，每个人都有控制不好自己语气和态度的时候，他可能只是心情不好，只是压力太大。

想太多，心情会生病，你的心态控制不好，对方也会感受到无形的压力，他也会变得不快乐，他不能总是来帮你处理坏情绪，很多事情，需要你自己去解决。你的极度敏感和患得患失，只会让两个人的关系更糟糕。

一个人在意的事情太多是不幸的，知道的事情太多也是不幸的，体会到太多事情更不幸。不要把太多的想法、太多的事情放进脑子里，糅进情绪里。

你只有一张来人间的体验卡，别浪费在没意义的事上，听话。

“

诋毁你的
只有两种人，

追不上你的
男人
和不如你的
女人。

”

欲望失衡

欲望不是拿来克制的，
是应该用来
激励自己的

生活就是用一种焦虑代替另一种焦虑，
用一种欲望代替另一种欲望的过程。
如果人丧失欲望，在生活面前几乎等同于束手就擒。

一味地压抑欲望，那只是活着而已。
懂得克制，也懂得适度地放纵欲望，才算好好活着。

我刚毕业那年，一个月工资不到3000元。因为想租一间有落地窗的房子，就和同学一起开了一家淘宝店，每天下班回家打包发货。

后来因为想要换个苹果电脑写稿子，就拼了命地给公众号投稿子，不过最后还是刷了信用卡才买到了电脑。

……

这些年，从手机到相机，从包包到鞋子，从重庆的火锅到巴黎的西餐，我“欲望清单”上列的东西，从来只增不减。

有时候我觉得自己是个顶俗气的人，太少谈到理想。一生所求，不过是能买得起喜欢的衣服、鞋子和包，能买得起想要的家常日用，能去得起想要去的地方，能过得上想要的生活。

偶尔我会担心自己会被欲望吞噬，填不满黑洞，迷失了自己。

可是没办法，我们这一代人是被欲望裹挟着长大的一代。从来不羞于承认自己想要的东西太多，也不怨愤自己不是与生俱来样样都有。我想做的，是花费时间和心力去得到想要的所有。

没有人能够一直“打鸡血”，这才需要适当的物质奖励，带来催人向上的前进动力。那小小的金钱符号于很多人而言，是生活会越来越好的希望，是能够通过自己的努力获得更多的底气。

我认识一个女孩子，念书的时候，无论是相貌、才艺还是成绩都算是佼佼者。

只知道后来她去了广州，转年又去了上海。因为私交不多，慢慢也就没有了她的消息。去年年底在同学会上见到她，她带着2岁的孩子一起来，倒是让我们都很惊讶。聚会的时候，大家难免催促我们几个大龄未嫁女青年。她便搭话说："以前我也是削尖了脑袋想往花花世界挤一挤，不过女人活得那么累干什么呢，只会老得更快。"

再后来从别人那里听说，她在上海工作了半年便回了老家，找了一份文职工作，结婚生子后过着大多数人认为的"正常"生活。她的工资只需要让自己吃得上饭，别的开销，车、房、孩子教育、旅游，大半都由老公和两方父母来给。

每个人都有选择自己人生的权利，我们不批判任何一种。讲到她是因为后来朋友问我，想过这样的人生吗？就是作为一个女孩，不用自己顶着很多压力的人生。

"想。"我这样回答。

有的人，因为不想承受生活的折磨，而选择了忘记自己的欲望。而有的人，不得不学会努力为自己的欲望买单。

谁不喜欢没有压力，轻松快意的人生呢。可是很闲的生活对我来说，终归是太单薄了，撑不起漫长的人生。我想要的太多了，多到我必须头顶很多压力才能得到，并且我愿意。

要正视自己的野心和欲望，选择出最想要的、最适合的、最值得争取的，并以此为前进的动力。选择什么样的生活其实只在于自己，而任何一种选择都要付出代价，只是要看自己愿意付出哪种而已。

所有的决定，到头来并非真正选择了哪一种幸福，而更像是选择了究竟宁愿受哪一种苦。

欲望不是拿来克制的，是应该拿来选择的。不是所有的欲望都叫虚荣。一味地压抑欲望，那只是活着而已。懂得克制，也懂得适度地放纵欲望，才算好好活着。

一

临近表妹生日，我在专柜挑口红打算给她做生日礼物，试色的时候，突然想起几年前的一件事。

大四那年我被学校分到电视台剪辑部门实习，一同被分来的还有许同学，这让原本没什么交集的我俩慢慢熟络起来。圣诞节那天，我们结束一天的实习工作从台里出来，并没有直接搭公交车回学校，而是去商场里想蹭蹭节日的热闹。

许同学看好一条毛呢半裙，虽说是毛呢，但触感柔软，腰部搭配颇有女人味的蕾丝边，格子图案透着浓浓英伦风。我记得那条半裙 700 元，许同学在付钱的时候气定神闲，毫不犹豫。

听说许同学找了个富二代男友，同学们只见过来学校门口接她的豪车，从没见过她男友本人。

后来许同学搬了出去，偶尔回宿舍取点东西就走，室友是见不到她人的，只是看到被翻找过的衣柜就知道她回来过。许同学让我帮她跟组长请假的次数越来越多，片子从来不剪，实习作业也有几次是我帮她完成的。

临近毕业的时候，有次我去图书馆整理个人面试资料。回宿舍的路上，路过排球场时碰见双眼哭得通红的许同学。她说自己出于好奇翻看了男友的手机，才发现自己不过是男友众多女朋友之一。她拿着手机质问男友，没想到男友夺过手机，大声呵斥她偷看自己手机，没有一点愧疚，更没有一句解释。

许同学哭得声嘶力竭提出分手，男友冷笑，甩下一句：“带着你的东西快点滚。”

没过几天，我陪许同学去男友家收拾私人物品。房间宽敞整洁，窗外花园摇椅，我大概理解了她为何急不可耐地搬出集体宿舍了。许同学收拾得很慢，我看到她眼睛里噙着泪水。

这泪水或是因为她对那奢华的洋房、惬意的花园和贵重的衣物的不舍，又或是哭一哭这段遇人不淑的恋爱。

这是个很好的时代，它给了我们更多开启未来的机会。这也是个很坏的时代，处处充满诱惑，让人迷失在灯红酒绿中，误以为自己如此好命不必向上攀爬，就已经轻松获得了天堂般的生活，误以为自己比别人更“聪明”地找到了捷径。

可是，当有一天看似美妙的泡沫被戳破，你会从高空迅速坠落，摔得粉身碎骨。错觉终归是错觉，侥幸得到的东西，不会真是属于你的。

所有的诱惑与美好，背后都深深隐藏着代价。

只有对金钱采用正当的获取方式，才能长久维持那份干净的财富，才可以不必诚惶诚恐。

一

我看过这样一段话，正好可以借以慰藉那些失落的欲望：

如今这个时代，你绝不会只因为一分努力就能在国贸随便刷卡；也不会因为两分的努力就能体面生活在三环里；你只有拿出十二分的努力才有可能在这里过上理想的生活。城市的每个夜晚，都有人在哭泣。未曾哭过长夜的人，不足以谈人生。

所以，好好工作吧。这是所有并非天生公主命的女孩成为公主的最快捷也是最靠谱的方式。

哪个女孩没做过“会有一个人出现，免我惊，免我扰，免我四下流离，免我无枝可依”的玛丽苏大梦？

只可惜，盖世英雄太少，盖世人渣倒是很多。

没有人不向往美好的生活，各色裙装、全套色号口红、双肩包、手提包、钱包款款一样不少。

对一个姑娘来说，她的生活、爱情，都应当是自己奋斗而来的。

总有人问，为什么现在很多年轻人愿意到北上广深打拼，明知要吃远离亲人的异乡苦，也仍然义无反顾？我搜了搜，网上有一条高赞的回答这样说：在这里，没有人会对我的欲望指指点点。

欲望是内心深处最真实的渴求，能承受，就迎着它走过去，拼了命去为它买单。如果不能，那就转身退回来。不丢脸，不可悲，更不需要矫情。选择哪一种，都是你的自由。

人生永远是苦乐参半，没有两全的。

年轻时，你为自己所做的选择，会影响到你将如何度过以后的每一天、每一月、每一年，更重要的是，它会浸润在你的性格里，悄然改写你命运的走向。这影响是潜在的，却也是终生的。

图书在版编目（CIP）数据

你并非一无所有 / 万特特著 . — 北京 : 新世界出版社 , 2020.5（2021.10 重印）
ISBN 978-7-5104-7032-5

Ⅰ . ①你… Ⅱ . ①万… Ⅲ . ①心理学—通俗读物
Ⅳ . ① B84-49

中国版本图书馆 CIP 数据核字（2019）第 288679 号

你并非一无所有

作　　者： 万特特
责任编辑： 贾瑞娜
责任校对： 宣　慧
封面设计： 赵兴华
版式设计： 赵兴华
责任印制： 王宝根
出版发行： 新世界出版社
社　　址： 北京西城区百万庄大街 24 号（100037）
发 行 部：（010）6899 5968　（010）6899 8705（传真）
总 编 室：（010）6899 5424　（010）6899 6679（传真）
http://www.nwp.cn　http://www.nwp.com.cn
印　　刷： 吉林省吉广国际广告股份有限公司
开　　本： 880 × 1230　1/32
字　　数： 200 千字　　**印　张：** 8
版　　次： 2020 年 5 月第 1 版　2021 年 10 月第 4 次印刷
书　　号： ISBN 978-7-5104-7032-5
定　　价： 45.00 元